AF355929

JACQUES MORTANE

LES HÉROS DE L'AIR

LES
HÉROS DE L'AIR

En haut, le premier dessin représentant un vol humain, celui de Dédale et Icare, dans un ouvrage de F. Riederer (1493). — En bas, à gauche, croquis de Léonard de Vinci. — A droite, combat entre un anglais et un allemand, sur « machine à voler » (1751).

JACQUES MORTANE

LES
HÉROS DE L'AIR

---

24 PLANCHES — 100 PHOTOGRAPHIES

PARIS
LIBRAIRIE DELAGRAVE
15, RUE SOUFFLOT, 15

1930

LES HÉROS DE L'AIR

CHAPITRE PREMIER

Dédale et Icare.

A tout seigneur, tout honneur. Nous commencerons cette étude par ceux qui, les premiers, jouèrent à imiter l'oiseau. Je veux parler de Dédale et Icare. Si je ne craignais pas de manquer de respect à l'égard d'un mort — mais il y a si longtemps ! — je me permettrais de dire que Dédale était même un assez vilain oiseau.

Artiste légendaire auquel on attribuait indistinctement toutes les œuvres de l'architecture et de la sculpture primitives, il était également, on le voit, un précurseur dans cette branche. Combien de romanciers et d'auteurs agissent de la sorte aujourd'hui !

Poursuivi pour meurtre, Dédale avait été banni par l'Aréopage athénien. Il commença par l'Aréopage, il finit par l'Aéroplane. Il alla se réfugier en Crète où il continua à vivre de son talent.

Minos, roi de la Crète, le chargea de construire le labyrinthe destiné à enfermer le Minotaure, monstre moitié homme, moitié taureau, auquel sa femme, la reine Pasiphaé, avait donné le jour en suivant de trop près, à travers les pâturages, un taureau envoyé par Poseidon. Que de complications auprès desquelles la solution de l'hélicoptère semble jeu d'enfant !

Bientôt, Dédale, qui n'avait vraiment pas de chance, malgré ses relations, encourait la colère du roi et était emprisonné lui-même dans le labyrinthe qu'il avait si minutieusement compliqué.

Grâce à ses géniales ressources, il parvint à résoudre un problème qui nous parut si ardu, à nous pauvres humains : il fabriqua pour lui et pour son fils Icare deux magnifiques paires d'ailes afin de pouvoir s'élever dans les airs et fuir les rivages de la Crète ingrate.

Dédale battit alors le record du monde du vol maritime en allant atterrir en Sicile, à Camicos. Les commissaires de l'Aéro-Club homologuèrent sa performance puisqu'elle s'est transmise jusqu'à nous. Le roi Cocalos fit fête aux héros des airs. Mais Icare, ce petit imprudent, n'ayant pas écouté les conseils de son père, fut puni de sa désobéissance : il voulait s'attribuer le record de l'altitude, hélas ! ses ailes de cire fondirent sous l'ardeur du soleil et il chut dans la mer. N'ayant ni flotteurs, ni coque, il disparut et l'endroit prit le nom de mer Icarienne.

D'autres avaient déjà connu ce sort : Hephaestos, Phaéton qui n'était pas encore une voiture, et Bellérophon, le jockey de Pégase, cheval qui avait des ailes et encourageait la poésie, dans le genre des mécènes qui offrent des prix littéraires !

Minos, trouvant que la vengeance est un plat qui doit se manger froid, n'hésita pas à partir à la recherche de son prisonnier. Il marquait en cela une certaine défiance à l'égard de sa police. Il se rendit donc en Sicile. Le joyeux Cocalos le reçut très cordialement, en confrère, et lui promit de lui rendre Dédale. C'était un piège ! Le roi Cocalos avait des plaisanteries macabres. Comme Minos, chaque matin, prenait son bain, Cocalos ordonna à ses filles, qui le préparaient respectueusement, de substituer de l'eau bouillante à l'eau tiède. Minos, quoique faisant ses enquêtes lui-même, manquait de flair : il entra dans sa baignoire et périt étouffé. On ne sait pas comment Dédale remercia Mlles Cocalos!

Mais c'est là une autre histoire. Je ne m'écarterai pas de la question aéronautique et c'est Ovide lui-même qui va nous fournir le compte rendu du raid de Dédale et Icare :

« Cependant Dédale, dégoûté de la Crète et d'un long exil, brûle de revoir son pays natal, mais, de tous côtés, la mer lui oppose une barrière. « Minos, dit-il, peut m'interdire la terre et l'onde, mais le ciel « m'est ouvert ; c'est là que je m'ouvrirai une route. S'il tient la terre « sous ses lois, l'air, du moins, ne lui appartient pas. »

« A ces mots, il s'applique à découvrir un art inconnu et demande à la nature des secours d'une espèce nouvelle : il place plusieurs plumes les unes auprès des autres en commençant par les plus courtes, viennent ensuite les plus longues et elles s'élèvent toutes comme par degrés. Ainsi, jadis, pour former la flûte champêtre, des chalumeaux d'inégale grandeur furent assortis avec choix. Dédale attache ces plumes, au milieu, avec du lin ; aux extrémités avec de la cire. Après les avoir liées, il les courbe légèrement : on les eût prises pour les ailes d'un oiseau.

« Icare était près de son père : ignorant qu'il préparait son malheur, et le front rayonnant de joie, tantôt il touchait le duvet qui s'agitait au gré des vents, et tantôt il repassait sous ses doigts la cire dorée et retardait par ses jeux l'admirable travail de son père.

« Enfin, après avoir mis la dernière main à son ouvrage, l'industrieux artiste se balance sur deux ailes et vogue, suspendu dans les airs. Il en donne de semblables à son fils et lui dit :

« Ne sors pas de l'espace placé entre la terre et les cieux. Je te le
« conseille, Icare. Plus bas, ton plumage serait appesanti par l'onde ;
« plus haut, tu serais dévoré par le feu. Renferme ton vol entre les deux
« extrêmes : je te recommande aussi de ne regarder ni le Bouvier, ni
« Hélice, ni Orion, armé d'une épée nue. Prends-moi pour guide dans
« ta marche. »

« En même temps, il lui apprend l'art de voler et attache à ses épaules un instrument jusque-là inconnu. Tandis que le vieillard lui prodigue ses soins et ses conseils, des larmes baignent ses joues et ses mains paternelles tremblent. Il le couvre de baisers qui ne doivent jamais se renouveler; il vole devant son compagnon et frémit pour ses jours : tel l'oiseau conduisant hors du nid, placé à la cime d'un arbre, sa jeune famille dans les plaines de l'air, l'exerce à suivre son essor et la forme à un art périlleux.

« Dédale secoue ses ailes ; il observe celles de son fils avec anxiété. Le pêcheur dont le roseau tremblant présente aux poissons une insidieuse amorce, le berger et le laboureur appuyés l'un sur sa houlette, l'autre sur sa charrue, aperçoivent Dédale et son fils ; frappés de surprise, ils prennent pour des dieux deux êtres à qui il est permis de planer dans les régions éthérées. Déjà fuyaient bien loin, à gauche, Samos, chérie de Junon, Délos et Paros ; à droite, Lébinthe et Calymne en miel si fertile. Le jeune Icare, fier de son vol audacieux, abandonne son guide : il brûle de sonder les célestes espaces et s'élance plus haut. Par la vivacité de ses rayons, le soleil, dont le trône se trouve près de lui, ramollit la cire parfumée qui sert de lien à ses ailes : elle fond. Icare agite ses bras dépouillés ; mais, n'ayant plus son plumage qui le soutenait comme deux rames, il ne saurait voguer dans les flots azurés qui conservent son nom.

« Cependant, son infortuné père qui n'est déjà plus père, s'écrie : « Icare ! Icare ! Où es-tu ? Dans quelle contrée irai-je te chercher ? « Icare ! » répétait-il encore quand il aperçut ses ailes à la surface des eaux. Alors, il maudit son art, renferme dans un tombeau les restes de son fils et le rivage prend le nom de celui qu'il a reçu dans son sein.

« Tandis que Dédale ensevelissait la dépouille du malheureux Icare, une perdrix, au babil indiscret, cachée sous les branches touffues de l'yeuse, le voit, agite ses ailes en signe d'allégresse et manifeste sa joie par des chants. Seul de son espèce et inconnu dans les premiers âges, cet oiseau, récemment créé, devait instruire l'univers de ton crime, ô Dédale ! Ta sœur, ignorant les arrêts du Destin, t'avait confié l'éducation de son fils, lorsque, à peine arrivé à sa douzième année, il fut capable de recevoir tes leçons. Cet enfant examina les dards dont est hérissé le dos des poissons, il les prit pour modèle et taillant dans le fer des dents acérées, il inventa la scie. Le premier aussi, il unit l'une à l'autre, par un lien commun, deux baguettes d'acier ; de sorte que, toujours séparées par la même distance, l'une reste immobile et l'autre décrit un cercle. La jalousie s'empare de Dédale : il précipite l'inventeur du haut du temple de Minerve et publie que sa chute est due au hasard, mais Pallas, favorable génie, soutient l'enfant, le change en oiseau et le couvre de plumes au milieu des airs. Toute l'énergie de son esprit, naguère si actif, passe dans ses ailes et dans ses pieds : il conserve son ancien nom ; toutefois, son vol est humble et il ne place point son nid sur les branches, ni à la cime des arbres ; il rase les sillons et dépose ses œufs au sein des broussailles : le souvenir de son ancienne chute lui fait craindre les lieux élevés. »

Les sensationnelles révélations d'Ovide prouvent que Dédale était en somme un assez vilain monsieur. Seuls lui pardonneront les amateurs de perdrix. Quant au système décrit pour transformer un être humain en oiseau, quoique n'étant pas technicien, je ne le conseillerai pas aux inventeurs en mal de nouveauté.

CHAPITRE II

Les précurseurs du plus lourd que l'air.

Si Dédale et Icare sont les premiers aviateurs dont l'aventure ait donné lieu à de copieux développements, il faut reconnaître que, de tous temps, l'esprit des hommes fut préoccupé par le désir d'évoluer dans l'espace.

Dans les légendes des pays les plus divers, dans les mythologies les plus anciennes, nous trouvons des récits d'individus ailés. Dans les Indes, c'est Hanouman, le singe-dieu, qui s'éleva du haut d'une colline et vint s'effondrer en vol plané dans le fleuve Lanka. En Scandinavie, les vierges d'Islande s'élèvent grâce à des manteaux de plumes qu'elles retirent — utile précaution — pour aller prendre leur bain. Le roi d'Irlande, Waland, fait prisonnier, se construit des ailes de plumes et s'élève en ayant soin de partir contre le vent. Les Mille et une Nuits — déjà le vol nocturne ! — nous font des révélations sur le manteau volant et le cheval d'ébène offerts au roi Sabour qui monte ou descend à volonté, selon qu'il presse une cheville ou une autre.

D'après Aulu-Gelle, 400 ans avant Jésus-Christ, le pythagoricien Archytas de Tarente construisit une colombe en bois qui volait : elle se soulevait par des moyens d'équilibre et l'impulsion lui était donnée par l'air qu'elle recélait intérieurement. En 322 avant l'ère chrétienne, Aristote étudiait le mouvement des ailes des oiseaux et le rôle de leur empennage caudal. En 66 avant Jésus-Christ, Simon le Magicien, après avoir fait des expériences de lévitation, se tuait à Rome en essayant de planer devant Saint-Pierre. Vers 875, un Arabe résidant en Andalousie, nommé Abul-Kassim-Allas-ben-Tirnas, aurait essayé des ailes artificielles mobiles.

En l'an 1060, le bénédictin anglais Olivier de Malmesbury, s'inspirant de la description d'Ovide, étudia la construction des ailes et en fit deux paires. Les plumes furent disposées en ordre ; prenant d'abord la plus petite, il plaçait les autres de sorte que chacune fût moins longue que celle qui suivait. Toutes s'élevaient par une graduation insensible. Elles étaient attachées au milieu et à leurs extrémités avec du chanvre. L'ecclésiastique leur donna une courbure, afin de mieux imiter les oiseaux. Il attacha ces ailes à ses bras et à ses pieds et se jeta du haut de son abbaye. Celle-ci ne devait pas être élevée, car le malheureux ne se tua point. Les relations du temps prétendent pourtant qu'Olivier de Malesbury vola environ 128 pas, puis s'effondra, se brisant les deux jambes.

En 1178, à Byzance, un magicien, surnommé le Sarrazin-volant, se précipita du haut de la tour de l'Hippodrome, les pans retroussés de sa robe maintenus par de l'osier pour le soutenir : il se tua.

En 1256, Roger Bacon se livrait à des études plus scientifiques sur le vol artificiel dans son ouvrage : *De secretis artis et naturæ operibus*, où il donne une description très remarquable d'une machine à voler. Puis l'histoire nous apprend que le Regiomontanus parvint à construire un aigle et une mouche mécaniques.

Au XVᵉ siècle, J.-B. Dante, de Pérouse, se blesse dans une expérience.

Mais nous allons trouver enfin un précurseur remarquable : dans les dernières années du XVᵉ siècle, ce génie universel qui fut à la fois l'émule de Raphaël et de Michel-Ange et le plus grand mathématicien de son époque, Léonard de Vinci, construisit une machine volante, guidée par la force de l'homme, dont les croquis très ingénieux sont parvenus jusqu'à nous. D'autres dessins montrent que ce grand homme avait également prévu l'hélicoptère et le parachute.

Vers 1500, il écrivit au sujet du vol mécanique son ouvrage *Su volo degli ucelli*. Il étudie le mouvement des ailes, il attire l'attention sur l'élargissement des pennes pendant l'élévation et leur resserrement pendant la descente, sur la façon dont l'oiseau retrouve son aplomb et décrit toutes les phases du vol.

M. Ravaisson-Mollien a réuni en six volumes les Manuscrits de Léonard de Vinci. M. Pol Ravigneaux, ayant eu la curiosité de les feuilleter, ne cachait pas son admiration qu'il exprimait en ces termes : « Non seulement je n'ai pas été trompé dans mon attente, mais j'ai passé à feuilleter en ces livres beaucoup plus de temps que mes occupations ne me le permettaient raisonnablement, tellement j'y prenais d'intérêt...

« Les théories de Vinci sur le centre de gravité, l'élasticité, la résistance de l'air, la stabilité, le rôle de la queue des oiseaux, le rôle du vent dans le vol sans battement d'ailes, toujours accompagnées de nombreux dessins, devraient être connues de tous les aviateurs actuels.

« La grande supériorité de l'œuvre de Léonard de Vinci sur celles d'Aristote, de Pline, d'Albert le Grand qui l'ont précédé dans l'étude du vol des oiseaux, c'est d'être très développée, très complète — au point que nos connaissances actuelles des lois mécaniques ne nous permettent pas d'y ajouter autre chose que des hypothèses — surtout d'être abondamment illustrées ; et par quel maître du dessin, on le sait ! »

En 1539, Sturm parle des hommes volants de Vanedig, sur lesquels nous avons peu de renseignements. Puis le clergé, continuant à s'intéresser aux problèmes aériens, nous vaut les essais du moine Kaspar Mohr, en Souabe, au début du XVIIe siècle et ceux que rapporte Burggraf, à Nuremberg, en 1620. Flayder, professeur à Tubingen, écrit, en 1627, un ouvrage *De arte volandi*, suivi, en 1640, d'un travail anonyme publié sous le même titre, en Hollande.

Les tentatives d'envol ne sont pas négligées, toutes aussi infructueuses les unes que les autres. Rappelons celles du saltimbanque Allard, sous Louis XIV, et celles assez suggestives d'un gentilhomme polonais de Varsovie.

Celui-ci écrivait, le 22 décembre 1647, une lettre où il énonçait une « merveilleuse proposition de voler en l'air, faite au roi de Pologne », reproduite dans la *Huitième partie des Tumultes de Naples*, etc., éditée à Paris, le 14 janvier 1648.

Nous devons aux recherches du fin littérateur et savant François Peyrey, le texte de cette proposition qu'il donna dans son ouvrage *Les Oiseaux Artificiels :*

« Il se trouve en cette cour, écrivait le Polonais, un personnage nouvellement arrivé d'Arabie qui est venu offrir sa tête au roi de Pologne, s'il n'a apporté de ce pays l'invention d'une machine aérienne, construite d'une manière si légère et néanmoins si ferme, qu'elle est capable de soutenir deux hommes en l'air. L'un peut dormir tandis que l'autre fait mouvoir la machine semblable aux dragons, dont elle prend le nom, des vieilles tapisseries, et dont je ne sais point s'il y en a jamais eu de vivants, non plus que griffons, licornes, phénix et plusieurs autres choses que nous croyons sur la foi de bonne antiquité sans les avoir jamais vues. »

L'inventeur arabe aurait fait cette promesse :

« La diligence de ce courrier céleste sera de quarante de nos lieues par jour, qui sont plus de quatre-vingts des vôstres, ce qui lui aliène beaucoup d'esprits. »

Nul compte rendu des expériences ne fut publié : l'Arabe fut-il pendu ?

Un Russe, simple moujik, affirma le 3 avril 1680, au bureau de Strelitz, qu'il confectionnerait des ailes avec lesquelles il volerait comme un oiseau. Le Trésor les paya 18 roubles. Elles étaient en mica. Au jour indiqué, le paysan, devant une assistance de choix, fit le signe de la croix, puis mit ses ailes en mouvement, sans pouvoir s'élancer. Il déclara qu'elles étaient trop lourdes. Il obtint 5 roubles pour les alléger. Même échec.

L'imposteur fut alors condamné à recevoir une avalanche de coups de knout et à rembourser les frais. Pénible façon de venir en aide aux inventeurs !

Bernouni, à Francfort en 1673, avait fait des essais aussi infructueux, et Besnier, meunier de Sablé, s'il faut en croire le *Journal des Savans* du 12 décembre 1678, présenta une machine curieuse :

« Elle consiste en deux bâtons qui ont à chaque bout un châssis oblong en taffetas, lequel châssis se plie de haut en bas comme les battants de volets brisés. Quand on veut voler, on ajuste ces bâtons sur ses épaules en sorte qu'il y ait deux châssis devant et deux derrière. Les châssis devant sont remués par les mains et ceux de derrière par les pieds en tirant une ficelle qui leur est attachée.

« La première paire d'ailes qui est sortie des mains du sieur Besnier a été portée à Guibrie, où un baladin l'a achetée et s'en sert fort heureusement...

Besnier dit néanmoins ne pouvoir s'élever de terre par sa machine, ni se soutenir fort longtemps en l'air, à cause du défaut de la force et de la vitesse qui sont nécessaires pour agiter fréquemment et efficacement ces sortes d'ailes, ou, en terme de volerie, pour planer. Mais il assure que, partant d'un lieu médiocrement élevé, il passerait aisément une rivière d'une longueur considérable, l'ayant déjà fait de plusieurs distances et en différentes hauteurs. »

En 1680, Borelli, auteur d'un ouvrage *De motu animalium* où il expose une théorie très complète du vol des oiseaux et des considérations sur la résistance de l'air, construit un oiseau mécanique. G. Paschius parle dans *Schediasmate de curiosis huius sæculi inventis*, d'une machine genre Icare avec laquelle il se serait livré à des essais. N'aurait-il pas mieux fait d'imiter celle de Dédale ?

Au milieu du XVIII{{e}} siècle, nouvelle tentative à l'actif du marquis de Bacqueville qui, en 1742, en voulant faire l'oiseau va se briser une cuisse sur un bateau de blanchisseuses.

Le 21 octobre 1772, l'abbé Desforges, chanoine de Sainte-Croix, à Étampes, annonce dans les gazettes qu'il a « inventé une voiture volante avec laquelle on pourra s'élever en l'air, voler à son gré, à droite, à gauche ou directement, sans le moindre danger, et faire plus de cent lieues de suite sans être fatigué ». Il se disait prêt à s'envoler d'Étampes jusqu'à Paris, sans y aborder, de peur d'être retenu par la foule (*sic*). Mais, pour satisfaire les Parisiens enthousiastes, il ferait cinq ou six fois le tour des Tuileries et reviendrait ensuite à Étampes, où, dès son arrivée, il brûlerait la voiture « et n'en ferait point d'autres qu'il n'eût été récompensé de ses peines ».

Un habitant de Lyon, désireux d'encourager le progrès, informa l'abbé Desforges qu'il tenait 100.000 livres à sa disposition : c'était un denier. Il attendait la voiture... et son cocher. Le chanoine accourut. Hélas ! après que quatre hommes eurent soulevé l'ensemble à une certaine hauteur, le cabriolet volant s'effondra, lorsqu'il fut abandonné, et le malheureux abbé en sortit contusionné et confus.

François Peyrey raconte que quelque temps auparavant, le brave Desforges, ayant inventé un sytème d'ailes artificielles, avait voulu l'expérimenter sur un jeune paysan qu'il recouvrit au préalable de plumes, pour la couleur locale sans doute. Il conduisit ensuite l'oisillon au sommet d'un clocher et l'invita aimablement à se jeter dans l'espace. L'apprenti fit une descente en tous points réussie... par l'escalier.

Dix ans plus tard, C. F. Meerwein publiait une étude sérieuse sur le vol mécanique, où il démontrait que le battement d'aile était la base du vol artificiel.

Jean-Pierre Blanchard, dans une lettre adressée le 28 août 1781, au *Journal de Paris*, décrivait une machine à voler de son invention :

« Sur un pied en forme de croix est posé un petit navire de 4 pieds de long sur 2 pieds de large, très solide, quoique construit avec de minces baguettes ; aux deux côtés du vaisseau s'élèvent deux montants de 6 à 5 pieds de haut, qui soutiennent quatre ailes de chacune 10 pieds de long, lesquelles forment ensemble un parasol qui a 20 pieds de diamètre, et conséquemment plus de 60 pieds de circonférence. Ces quatre ailes se meuvent avec une facilité surprenante. La machine, quoique très volumineuse, peut facilement se soulever par deux hommes... »

Trois ans après, Blanchard, dont les idées étaient profondément intéressantes, faisait amende honorable. Il écrivait, le 2 mars 1784, au *Journal de Paris*, la lettre suivante :

« Je rends un hommage pur et sincère à l'immortel Montgolfier sans le secours duquel j'avoue que le mécanisme de mes ailes ne m'aurait peut-être jamais servi qu'à agiter un élément indocile qui m'aurait obstinément repoussé sur la terre, comme la lourde autruche, moi qui comptais disputer à l'aigle le chemin des nues. »

Blanchard, inventeur de grand mérite, abandonna l'aviation pour se consacrer au ballon et fut le premier à traverser la Manche de Douvres au Cap Gris-Nez en sphérique.

Le célèbre Lalande entra en lutte contre tous les chercheurs et, en 1782, adressa au *Journal des Savans* une communication où il prouvait que pour élever et soutenir un homme, deux ailes énormes seraient nécessaires :

« Il y a si longtemps, Messieurs, que vous parlez de bateaux volants et de baguettes tournantes qu'on pourrait penser à la fin que vous croyez à toutes ces folies ou que les savants qui coopèrent à votre journal n'ont rien à dire pour écarter des prétentions aussi absurdes. Permettez donc, Messieurs, qu'à leur défaut, j'occupe quelques lignes dans votre journal pour assurer à vos lecteurs que si les savants se taisent ce n'est que par mépris.

« Il est démontré impossible dans tous les sens qu'un homme puisse s'élever ou même se soutenir en l'air. M. Coulomb, de l'Académie des Sciences a lu, il y a plus d'un an, dans une de nos séances, un mémoire où il fait voir par les calculs des forces de l'homme, fixées par l'expérience, qu'il faudrait des ailes de douze à quinze mille pieds, mues avec une vitesse de trois pieds par seconde ; il n'y a donc qu'un ignorant qui puisse former des tentatives de cette espèce. »

Le brave général Resnier, ancien maréchal de camp à l'armée des Pyrénées-Orientales, était certes plus confiant dans la locomotion aérienne.

N'avait-il pas eu l'idée, lorsque, admis à la retraite en 1800, il eut vent des désirs de la France d'envahir l'Angleterre, de découvrir un moyen permettant d'organiser des régiments d'hommes-oiseaux ? Il fabriqua deux ailes de grosse toile tendue par une armature en fil de fer. Elles devaient battre par l'emploi de la force musculaire de l'oiseau humain. Le brave inventeur était tellement convaincu du succès qu'il n'hésita pas à s'élever du haut des remparts d'Angoulême qui dominent la Charente. Un batelier n'eut qu'à se précipiter au secours du général qui... hydroplanait ! Celui-ci, modifia son système et recommença ! Il franchit, parait-il, la Charente cette fois. Mal lui en prit, car il se cassa la jambe en atteignant le sol.

Nous entrons alors dans le XIXᵉ siècle. Le premier projet date de 1807 et est dû à Degen. L'appareil était exposé de face et en plan chez tous les marchands d'estampes de Vienne et de Paris. Des essais furent faits en 1808 et en 1809, sans résultats appréciables. L'appareil, mû par la force musculaire, consistait en deux grandes ailes concaves et effilées raidies par des bambous rattachés à une barre verticale. Le 5 octobre 1812, Degen ne fut pas plus heureux lorsqu'il présenta sa machine à Paris.

La première théorie mécanique de l'aéroplane remonte à 1809. Elle est due à l'Anglais sir George Cayley qui publia un mémoire très complet, dans lequel le moteur à explosion lui-même était prévu. Sir George Cayley était un remarquable ingénieur et son étude, lue devant l'Institut des Ingénieurs Civils, ne fut nullement considérée comme l'œuvre d'un fou.

En 1810, à Hull, Thomas Walker publia un Traité sur l'art du vol par des moyens mécaniques avec une explication complète des principes du vol des oiseaux, des instructions et des plans pour fabriquer une machine avec des ailes où un homme pourrait s'asseoir. Celui-ci employait un petit levier pour monter, planer et descendre avec toute l'aisance d'un oiseau.

L'un des premiers disciples de Sir George Cayley, Henson, s'efforça de réaliser les théories du maître.

Dans le *Musée des Familles* du 15 mars 1843, on trouve une description de la machine à vapeur aérienne qu'il construisit :

« Les ingénieurs croient difficilement que la machine à vapeur qui le conduira dans l'air aura la force de 20 chevaux et ne pèsera, avec son conducteur et l'eau nécessaire, que 600 livres. La machine de M. Henson, le char fermé de tous côtés et destiné à contenir les passagers, les machinistes, le chargement et le générateur, est suspendue au milieu d'un châssis très léger, mais très fort, recouvert d'un tissu très léger aussi.

« Ce châssis, qui a 30 mètres de long sur 10 de large, remplit l'office d'ailes, sans cependant avoir ni jointures, ni mouvement. Il s'avance dans l'air par un côté un peu plus élevé que l'autre. Au milieu du côté inférieur s'attache une queue de 15 mètres de long, au-dessous de laquelle est le gouvernail. Ces appendices servent à donner la direction et sont mus par des cordes qui partent du char. Au derrière du châssis se trouvent encore deux roues à rames, de 20 pieds de diamètre, conduites par la machine à vapeur.

« Mais ce qu'il y a de plus intéressant, c'est le générateur et le condensateur. Le condensateur est formé de petits tuyaux exposés au courant d'air produit par la fuite de la machine. Le générateur est formé d'une cinquantaine de cônes tronqués et renversés et disposés au-dessus de la fournaise. La superficie de la machine est 11.500 pieds carrés, le poids total avec la charge est d'environ 3.000 livres.

« Cette machine, lancée dans l'espace, a l'air d'un oiseau gigantesque dont les ailes sont sans mouvements... La machine prête à partir est lancée dans l'air à l'extrémité supérieure d'un plan incliné. A mesure qu'elle descend, elle acquiert la vitesse nécessaire pour se soutenir. De la soie huilée et des cannes de bambou, tels sont les éléments principaux dont se compose ce prodigieux hippogriffe. Il paraît que, dans ce char aérien, on irait à vol d'oiseau de Londres à Bombay en deux jours : ce résultat serait encore plus étonnant que la machine elle-même. »

Quoique des gravures de l'époque nous le montrent traversant la Manche ou survolant Londres, cet appareil, malgré son ingéniosité, ne s'éleva jamais.

Henson chercha à faire moins gigantesque et s'associa avec John Stringfellow. Ils établirent des modèles d'aéroplanes en miniature. Plusieurs d'entre eux présentaient la forme de l'Antoinette que Latham conduisit à la gloire en 1909.

Henson ne fut qu'un adaptateur des idées de Cayley qui, longtemps, resta méconnu, son nom étant tombé dans l'oubli.

A. Pénaud, dont nous aurons l'occasion de reparler, écrivait à son sujet :

« Voilà un homme qui, au commencement du siècle, inventa la chaudière tubulaire, le condenseur par surface, un type de machine à explosions à mélange gazeux, etc., etc..., qui indiqua la plupart des conceptions qui feront la navigation aérienne et dont plusieurs ont fait, isolées, le renom de beaucoup d'autres chercheurs. C'est à Londres, dans un journal scientifique des plus répandus, que ces lignes sont imprimées. Eh bien ! il ne se trouve personne qui comprenne la portée de cet esprit, qui l'encourage, qui l'aide et qui soit stimulé par ses vivifiantes pensées. L'arbre meurt avant d'avoir porté fruit et l'existence même de Cayley était inconnue en France. »

Henson avait profité d'une publicité avantageuse qui lui avait permis de laisser de plus en plus dans l'ombre celui auquel il devait tout.

En 1866, F. H. Wenham, à la réunion d'inauguration de la Société Aéronautique de Grande-Bretagne, lut une étude remarquable sur le vol des oiseaux. Il conclut que la construction des machines volantes

Sir George Cayley.   F.-H. Wenham.   Otto Lilienthal.   Octave Chanute.

Gravure représentant la machine d'Henson.

Le Planophore de Pénaud (1871).

L'aéroplane de Langley.

Un vol de l'allemand Otto Lilienthal qui se tua en 1896, en faisant des expériences de planeur.

devrait exiger la superposition des surfaces sustentatrices. Le premier, il suggérait ainsi le multiplan. Il en construisit un avec Stringfellow, sans succès.

Enfin, une machine va s'élever de terre ! Évidemment, ce n'est pas encore l'heure du triomphe, mais un grand point va être acquis : un appareil plus lourd que l'air peut monter et rester dans l'espace. C'est au Français Alphonse Pénaud que revient l'honneur d'avoir réalisé cette découverte. Il ne s'agit encore que d'un jouet ; si le remarquable inventeur n'était pas mort à trente ans, il aurait sans doute poussé plus loin ses réalisations, puisqu'il avait découvert la clef du mystère millénaire.

Le 18 août 1871, aux Tuileries, son petit aéroplane à queue fixe, stabilisatrice, actionné par un ressort de caoutchouc, réussit l'expérience espérée. Il consistait en une tige de 0 m. 50, qui supportait un plan de 45 centimètres d'envergure et de 11 centimètres de large. Il pesait 16 grammes. Les extrémités du plan étaient légèrement relevées. Pénaud appelait son appareil le Planophore. Un jour, il lui fit faire un parcours de 60 mètres en 13 secondes. C'était l'adaptation d'un principe émis par Cayley.

Pénaud voulait construire un aéroplane qu'il fit breveter en 1876, avec Gauchot. Cet engin, rappelant le Planophore, aurait eu deux hélices et devait être amphibie. Pénaud avait aussi imaginé un dispositif permettant aux pattes à roulettes du train d'atterrissage de se replier sous la nacelle pendant le vol. On voit quel génie était ce jeune homme qui, malade et déçu de ne pas trouver de commanditaires, se suicida en 1880. Ce fut une grande perte pour le plus lourd que l'air.

En 1874, D. S. Brown montrait à la Société Aéronautique de Grande-Bretagne un projet d'aéroplane constitué par des plans en tandem, dont le bord antérieur était rigide et le bord postérieur souple, ce qui, selon l'inventeur, assurait l'équilibre longitudinal.

C'est, exactement, le principe de l'appareil qui permit au regretté Maneyrol de battre l'un des premiers records du monde de durée en avion sans moteur.

Nous allons voir reprendre les idées de Wenham par Horatio Phillips. En 1881, il construisait un appareil à plans multiples superposés, qui avait 7 mètres d'envergure. Le groupe de plans avait 3 mètres de haut : il y en avait 50, de 4 centimètres de large chacun. Leur surface inférieure était très creuse. Y compris la machine à vapeur motrice, l'hélice de 2 mètres et le long chariot support, l'engin pesait 150 kilos.

CHAPITRE III

Les observateurs des oiseaux.

Les artisans de la victoire aérienne sont de deux sortes : ceux qui par leurs études du vol des oiseaux ont permis aux expérimentateurs de baser leurs recherches sur des données scientifiques et ceux qui ont construit des appareils permettant, de progrès en progrès, d'aboutir aux premières envolées du plus lourd que l'air.

En 1881, paraissait un très remarquable ouvrage : *L'Empire de l'Air*, essai d'ornithologie appliquée à l'aviation. L'auteur, Mouillard, qui avait longtemps séjourné en Algérie et en Égypte, avait observé de la façon la plus minutieuse les grands voiliers dans leurs évolutions, Il convient de citer également le travail de l'ingénieur Lilienthal. publié en 1889 : *Der vogelflug als grundlage der fliegekunst*, suivi en 1890 du *Vol des oiseaux*, de Marey.

Celui qui fit le plus pour l'aviation est, sans aucun doute, l'ouvrage de Mouillard dans lequel était exactement prévu le gauchissement. L'auteur en indiquait les grandes lignes avec une science étonnante.

Wilbur Wright, qui revendiqua toujours comme sienne l'invention du gauchissement, consacra à Mouillard son dernier article, quelques jours avant qu'il ne fût atteint par la fièvre typhoïde qui l'emporta. Quelques extraits montreront l'admiration du célèbre Américain vis-à-vis du grand savant français.

« L.-P. Mouillard fut un des plus grands missionnaires de la cause aérienne que le XIXᵉ siècle ait produit. C'était un Français qui passa une grande partie de son existence en Algérie et en Égypte, où, d'aventure, son attention fut attirée par les merveilleux vols planés des vautours. Son imagination en fut si fort impressionnée, qu'il passa le reste de sa vie à crier, comme le prophète dans le désert, la possibilité du vol humain. Son livre intitulé *L'Empire de l'Air* est bien un des morceaux les plus remarquables de la littérature aéronautique qu'on ait jamais écrit.

« Il dit dans son introduction : « S'il est une dominante, tyrannisante

« pensée, c'est bien la conception que le problème du vol peut être
« résolu par l'homme. Une fois entrée dans le cerveau, cette idée le pos-
« sède tout entier. Elle devient la pensée obsédante. Le cauchemar
« impossible à chasser. Représentez-vous maintenant la pitié mépri-
« sante qui l'accueille partout, et vous vous ferez une faible idée
« du triste sort qui est le lot du malheureux chercheur, dont l'âme
« est ainsi possédée ».

« Il déplore l'incrédulité du monde et l'exhorte à secouer son scep-
« ticisme : « Oh ! aveugle humanité, ouvre tes yeux et tu verras des
« millions d'oiseaux et des myriades d'insectes sillonnant l'atmosphère.
« Toutes les créatures tournoient dans l'air sans le moindre ballon ;
« beaucoup y glissent sans avoir à descendre, heure après heure, sur des
« ailes qui ne battent, ni ne se fatiguent. Et contemplant cette démons-
« tration donnée par la source de toute science, tu reconnaîtras qu'en
« l'Aviation est l'avenir ».

« Ses observations sur les habitudes des vautours l'ont amené à
conclure que le vol sans moteur était possible à l'homme : et cette
idée, il l'a présentée à ses lecteurs avec un enthousiasme si exaltant et
si persuasif que son livre a produit des résultats de la plus haute
importance dans l'histoire de la conquête de l'air...

« Le livre abonde en histoires entraînantes, dont le charme est si
grand que le lecteur le moins imaginatif se sent tenté de rivaliser avec
l'oiseau. Et il n'est point douteux que ce livre n'ait été un des principaux facteurs qui aient induit M. Chanute à entreprendre ses expériences : je sais qu'il a été une des causes inspiratrices des efforts des
frères Wright.

« A l'exception peut-être de Lilienthal, nul de ceux qui écrivirent
au XIXᵉ siècle n'a possédé un pouvoir pareil de faire des adeptes à la
croyance en la possibilité du vol humain sans moteur. »

Otto Lilienthal était un ingénieur allemand qui naquit en 1848, à
Anklem (Poméranie). De 1891 à 1896, il se livra à plus de deux mille
expériences, en se lançant, muni d'appareils planeurs de forme variée,
d'endroits élevés contre des vents ascendants. Il exécuta ses premiers
essais dans son jardin où il avait installé un tremplin. Il comprit que
le vol ascendant était indispensable et qu'il était provoqué par une
colline que remonte le courant invisible. Il acheta des terrains et construisit à Gross-Lichterfeld, près de Berlin, sur une colline de 15 mètres
de haut et de 70 mètres de base, un hangar d'où il pouvait effectuer
des essais quelle que soit la direction du vent. Plus tard, il adopta les
collines de Rhinover.

Lilienthal courait contre le vent, en abaissant les ailes. Au moment convenable il relevait légèrement la surface de sustentation pour la rendre à peu près horizontale et cherchait dans l'air, pendant le planement descendant, à donner par tâtonnement au centre de gravité une position telle que l'appareil fût projeté rapidement en avant, tout en descendant aussi peu que possible.

Partant de 30 mètres de hauteur, il parcourut des distances de 200 à 300 mètres. Plusieurs fois il parvint à « dévier de la trajectoire rectiligne au point de revenir, pendant un certain temps, vers son point de départ ».

Le 8 août 1896, Lilienthal voulut faire chronométrer un de ses vols et battre ses meilleurs performances qui varièrent entre douze et quinze secondes. Il partit. Soudain une rafale culbuta l'appareil à 15 mètres de hauteur. Le malheureux se brisa la colonne vertébrale et mourut après vingt-quatre heures de souffrances. Il avait quarante-huit ans.

L'Anglais Percy Sinclair Pilcher poursuivit les études de Lilienthal. Il avait collaboré avec Maxim pour la construction d'un aéroplane à vapeur. En 1894, il se livra à des essais de vol plané, mais ne parvint pas à réaliser les mêmes performances que son maître. Il employait des monoplans d'environ 15 mètres carrés de surface, pesant, montés, 90 kilos. Deux petites roues fixées à l'extrémité des montants, devaient faciliter l'atterrissage. Un gouvernail horizontal à l'arrière, un gouvernail vertical complétaient le planeur. Pilcher se faisait tirer par un cheval, attelé par une corde reliée à l'appareil.

Il a expliqué lui-même sa méthode : « Je monte au sommet d'une colline et, emmené par le quadruple tracteur, j'atteins par la voie des airs une autre colline en passant au-dessus d'une vallée. Pour suivre une trajectoire horizontale, le planeur nécessite un effort de traction de 9 à 14 kilos, effort égal au dixième du poids de l'engin. »

Pilcher, passant ses avant-bras dans deux courroies rembourrées et saisissant deux poignées, s'appuyait sur les coudes : « Debout je tiens l'appareil un peu en arrière ; le vent gonfle alors la voilure sans me soulever. S'il survient un coup de vent et si, au même instant, je ramène l'appareil en avant, le vent me soulève. J'ai ainsi pu être soulevé sans courir, à 3 mètres 10 du sol, pour redescendre exactement à mon point de départ…

« Le danger le plus redoutable est de plonger en avant. La chute en arrière est moins à craindre, quoiqu'elle ait causé la mort de Lilienthal.

Je me considère comme l'élève de celui-ci, mais j'espère échapper à son malheureux sort. »

Pilcher était trop optimiste : le 30 septembre 1899, à Stanford Park, le gouvernail horizontal se brisait et le planeur s'écrasait au sol. Le pilote mourait le lendemain.

Dès 1896, Octave Chanute, de Chicago, avec la collaboration de deux jeunes gens, Herring et Avery, reprit les expériences de Lilienthal dans les environs de Chicago, au bord du lac Michigan. Il essaya des appareils de divers types, depuis les planeurs à un seul plan, jusqu'à ceux en comportant cinq ou six superposés. Il finit par adopter l'appareil biplan, muni d'une queue formant empennage et constituant en même temps un double gouvernail vertical et horizontal.

Dans une conférence qu'il prononça à l'Aéro-Club de France, le 2 avril 1903, il résuma ses travaux : avec un planeur à ailes multiples de 86 kilos, pilote compris, Herring parcourut 52 mètres 43 en 7 secondes 8 par un vent de 6 mètres 70 à la seconde, et Avery vola 55 mètres 77 en 7 secondes 9, par un vent de 7 mètres à la seconde. Avec le planeur biplan, pesant, monté, 82 kilos, la meilleure performance fut celle de Herring avec 109 mètres 42 en 14 secondes par un vent de 7 mètres 8 à la seconde. Le plus beau vol d'Avery ne dépassa pas 78 mètres 03 en 10 secondes 2 avec un vent de 7 mètres 6.

« Je n'ai en d'autre mérite, ajouta Chanute, que de prendre les expériences de Lilienthal là où la mort l'avait surpris, de les perfectionner de mon mieux, jusqu'à ce que d'autres plus heureux, reprenant mes travaux à leur tour, les amènent peu à peu au résultat parfait. Le progrès dans les sciences, surtout en aéronautique, se fait par étapes successives. Je serais trop heureux si j'ai pu contribuer, si peu que ce soit, à faire avancer la question, à hâter la solution de ce grand et difficile problème, qui passionne toute notre époque. »

En même temps, un autre Américain, Samuel Pierpont Langley, faisait parler de lui. Né à Roxbury (Massachusetts) le 22 août 1834, il fut d'abord architecte, puis entra comme assistant à l'observatoire du collège d'Harvard. En 1866, il était nommé professeur de mathématiques à l'Académie navale des États-Unis, qu'il quitta pour aller enseigner l'astronomie et la physique à l'université de Pensylvanie et diriger l'observatoire d'Alleghany. En 1888, il devenait secrétaire du « Smithsonian Institution ».

Après avoir publié un rapport sur les « réactions opposées par l'air aux plans en mouvement » et un ouvrage sur « le travail interne du vent », il voulut s'attaquer à la pratique.

De 1891 à 1896, il construisit six modèles d'appareils à moteur. Les quatre premiers échouèrent. Mais en 1896 et en 1897, il obtint des trajets de plus d'un kilomètre en air libre avec les types suivants : le 6 mai 1896, il réalisait un vol de 900 mètres et le 28 novembre de la même année, un autre de 1.600 mètres en 1 minute 46. Son appareil modèle pesant 13 kilos 600, était mû par un moteur à vapeur de 1 C. V.

En 1898, l'armée et la marine américaine engagèrent l'inventeur à construire une machine susceptible d'enlever un homme. Une subvention de 250.000 francs fut accordée à Langley qui dirigea la construction. Cinq ans furent nécessaires. Le moteur était un engin à essence de 5 cylindres, pesant 1 kilo par cheval. Avec le pilote, l'avion entier pesait 377 kilos et mesurait 97 mètres carrés de surface.

Il devait être lancé à l'aide d'une catapulte placée sur le toit d'une habitation construite sur un bateau plat. Le 7 octobre et le 8 décembre 1903, des essais furent faits. L'appareil de lancement accrocha la machine, la brisa et le pilote, le professeur Manly, qui avait construit le moteur, tomba, sans mal, dans le Potomac, où il fut aussitôt sauvé par des pêcheurs.

Sans cet incident, l'avion eût volé. Quelque quinze ans plus tard muni d'un moteur, il réussit à tenir l'air de façon très satisfaisante, Mais le Congrès reprocha la subvention à la Commission d'Artillerie. qui refusa d'encourager l'inventeur. Et Langley, comme Ader, fut victime des officiels sceptiques.

CHAPITRE IV

Le père de l'avion : Clément Ader.

Le Français Clément Ader réalisa ce qui, depuis des siècles, semblait impossible : il fut le premier homme s'élevant au-dessus du sol par ses propres moyens.

Il était né à Muret, en Haute-Garonne, en 1840. Ingénieur des Ponts et Chaussées, il collabora aux travaux d'art de la ligne de chemin de fer Toulouse-Bayonne et quitta l'administration en 1876. Deux ans après, il perfectionnait le téléphone. En 1880, il établissait à Paris le premier réseau téléphonique et, à l'exposition d'électricité de 1881, inaugurait les auditions téléphoniques.

Mais, depuis sa plus tendre enfance, il se passionnait aux questions aériennes. Laissons-le nous raconter comment il fit ses premières recherches :

« C'était en 1854, encore enfant, j'étais déjà hanté par l'idée de voler. Je m'exerçais à combiner force cerfs-volants et je ne me lassais pas d'examiner insectes et pierrots. Le hanneton me tourmentait avec ses deux fourreaux sur le dos qui me faisaient l'effet de le gêner considérablement. Je les lui enlevai et il n'en vola pas mieux. Bien au contraire, il me semblait tout paralysé et retombait à terre. Je fis l'inverse, je coupai les ailes à un autre et lui étalai horizontalement ses deux fourreaux à l'aide d'une fibre de roseau nouée avec de la soie.

« J'attachai l'extrémité d'un fil à la tête du hanneton et je tirai de l'autre bout en courant ; mon insecte resta très bien suspendu en l'air.

« Mais, me dis-je, s'il avait ces fausses ailes, plates comme mes cerfs-volants, il volerait beaucoup mieux ? Et, séance tenante, en remplacement des siennes, je lui en fis une paire, très plane, en papier gommé. Mon hanneton se soutint très mal, et seulement parce que je courais plus vite.

« Je fus déconcerté ! Roulant ensemble fil, ailes et insecte, de dépit, je jetai les morceaux.

« Mais l'idée restait dans ma tête. Je pris un pierrot, lui ouvris ses petites ailes et voilà, que, lui aussi, les avait parfaitement creuses. Je ne pus en trouver la raison que dans la grande élasticité de ses plumes qui devaient probablement se redresser complètement pendant le vol.

« Cependant je doutais, lorsque, quelques jours après, un soir de soleil couchant, je vis passer furtivement un martinet. Au milieu de ses folles évolutions, je crus apercevoir encore dans ses ailes le même creux bien estompé par la clarté savante de l'horizon. Je courus en hâte me faire prêter une jumelle et m'en retournai vite à mon observatoire près de l'église, rendez-vous des martinets.

« J'y revins le lendemain, puis tous les soirs, lorsque le soleil brillait. Malgré leur vol endiablé, je constatai invariablement que leurs ailes étaient bien concaves, parfaitement visibles au bout de la jumelle. Je pouvais même observer les différences dans l'accentuation de leur courbure, très peu prononcée à l'avant, très peu à l'arrière.

« Un peu plus tard, je remarquai que cette courbe était une spirale logarithmique, plus ou moins accentuée selon les espèces et la vitesse de leur translation, mais que, toutefois, dans sa caractéristique, elle demeurait commune à tout ce qui vole, depuis le plus petit insecte jusqu'aux plus gros oiseaux... et j'ajouterai même y compris les aviateurs d'aujourd'hui.

« Vers cette même époque, mon attention d'adolescent était bien intriguée par les crochets, montées et descentes subites, contorsions en avant et en arrière des hirondelles, pendant que les grands vents d'autan du Midi choquaient les tertres de la rivière.

« Avec leurs ailes presque pliées, leur tête très obliquement pointée dans le courant d'air, ces charmants oiseaux ne devaient que happer des insectes. Pour y parvenir, ils exécutaient aisément mille difficultés. Des pigeons passaient quelquefois, presque au ras de l'eau, et on les voyait subitement faire un bond prodigieux par-dessus le tertre sans le moindre battement d'aile.

« J'avais des pigeons et des poulets en ma demeure. Un matin j'en pris un de chaque espèce et je me rendis au bas du tertre, près de l'eau. Je lâchai tout. Le pigeon remonta d'aplomb comme une flèche et fut plus tôt que moi rendu au pigeonnier. Quant au poulet voletant contre le tertre, il ne cherchait qu'à s'y accrocher.

« J'allais essayer d'imiter les oiseaux ! Sans conscience de ma témérité, je me fis un costume d'oiseau ; je pris ma plus grande veste, dont j'attachai le fond à ma ceinture avec quelque mètres de lustrine ; je rejoignis les manches aux basques de mon habit et, par surcroît d'ampleur, un bâton à chaque main, sur lequel était clouée l'extrémité de la lustrine. L'ensemble me donnait l'aspect d'un monstre nocturne.

« Par une nuit noire, je partis ainsi accoutré, mes bâtons repliés sous les bras, les mains dans mes poches pour me donner l'air d'un être humain, des chaussons aux pieds, l'œil ouvert et l'oreille tendue pour savoir si quelque imprévoyance ne m'avait pas trahi et pour éviter surtout d'être suivi.

« Par un long détour, je me dirigeai vers un endroit désigné sous le nom de Fabas, lieu désert et sauvage à l'époque. Il était très propice pour ma tentative ; depuis la pente douce, la déclivité augmentait jusqu'à la rive, abrupte comme une falaise.

« Arrivé au but, le vent d'autan soufflait directement contre la rive. Quoique en pleine obscurité, je me mis en position, non sans trébucher à chaque pas. Pressé d'arriver à mes fins, je choisis une pente très inclinée. J'ouvris à peine les bras et aussitôt les bâtons m'échappèrent des mains. Je faillis être déshabillé par le vent. Je commençai à regretter d'être seul. Cependant, je réajustai tant bien que mal mon équipement et me réfugiai à tâtons sur une pente plus douce.

« Faisant face au vent, le corps très courbé et penché, je portai mes bras complètement à l'arrière, je les ouvris très doucement, et, à chaque coup de vent, je les rentrai avec prudence. Je renouvelai cette manœuvre et, chaque fois, tandis que mes bras fatiguaient de plus en plus, mes pieds me supportaient de moins en moins.

« Je finis par m'armer d'audace. Malgré les flottements de ma voiture improvisée, tiraillée par un gros vent fort irrégulier, je réussis à tendre suffisamment les étoffes. Le buste penché à des degrés différents, je modérais ou j'augmentais la prise du vent sous mon envergure, reposant à terre sur la pointe des pieds, je n'avais qu'à plier les jambes pour être soutenu dans l'air.

« Une fois, laissant plus d'action au vent, je me sentis emporté bien loin. Dans ces ténèbres, très impressionné par les grondements de l'autan, j'eus peur. Il me semblait qu'un fantôme hideux me saisissait sans cesse et je n'osais plus continuer.

« Je cachai, dans le secret de mes pensées, ces deux petites trouvailles : la courbe de sustentation et la voie aérienne, dont, d'ailleurs, je ne comprenais nullement l'importance.

« Ce n'est que plus tard, en poursuivant mes recherches, qu'il me fut permis de mieux les apprécier, et seulement en 1882, dans mon

excursion en Algérie, qu'il me fut possible d'en reconnaître définitivement l'existence et de constater leur consécration par la nature au vol
des grands oiseaux. »

Voyons maintenant quelles difficultés rencontra l'éminent inventeur lorsque, plus âgé, il voulut réaliser le premier avion qui ait quitté
le sol.

Il était parti du point de vue suivant qu'il soutint dans une étude
publiée en 1898 :

« Depuis longtemps, j'ai observé que les ailes des oiseaux forment
de l'avant à l'arrière, dans le sens de la translation, une spirale carac-
térisée par l'angle invariable du rayon avec les tangentes menées aux
divers points de la courbe. Cette spirale présente une courbure plus ou
moins accentuée, selon la charge des ailes, mais on la retrouve partout
et toujours. J'ai donc appliqué à mes appareils ce principe dont ne
se départit jamais la nature et qui semble être la base fondamentale
de l'aviation. »

Jacques May, dans le pieux ouvrage qu'il a écrit sur Ader, définit
ainsi le dur labeur de l'apôtre :

« Ayant consacré quarante-deux années de son existence à se
constituer les ressources indispensables à ses recherches d'aviation,
ayant ensuite passé quatre années à de purs travaux théoriques, longs,
délicats et minutieux, M. Clément Ader entreprit enfin la construction
d'un appareil volant. »

Le premier fut l'*Éole*, muni d'un moteur à vapeur dont le poids
n'était que d'un kilogramme par cheval-vapeur. L'engin pesait
500 kilos. Commencé en 1886, terminé en 1888, l'*Éole* ne fut essayé
qu'en 1890. Il avait 14 mètres d'envergure et 6 mètres 50 de long. Ses
ailes étaient repliables.

C'est au château d'Armainvilliers, près de Gretz que, dans le parc,
Ader fit sa première expérience sur une aire en ligne droite de 40 mètres
de large et 200 mètres de long. Le 9 octobre 1890, Ader quitta le sol
et plana pendant une cinquantaine de mètres. MM. Vallier et Espinosa
contrôlèrent l'exploit.

A la suite de cette envolée mémorable, la première du genre depuis
que les chercheurs s'étaient consacrés à l'étude du vol mécanique,
Ader voulut perfectionner son modèle et construisit l'*Éole* n° 2, avec
un moteur plus puissant.

M. de Freycinet, alors ministre de la Guerre, autorisa le génial
inventeur à faire ses essais à Satory où un terrain de 800 mètres en
ligne droite avait été tracé, avec une raie blanche au milieu pour guider

L'*Éole*, l'avion de Clément Ader (replié), le premier appareil à moteur ayant réussi à quitter le sol, le 9 octobre 1890.

L'avion d'Ader nᵒ III qui franchit une distance de 300 mètres, le 14 octobre 1897, et brisa une aile en regagnant le sol.

le pilote. En septembre 1891, l'*Éole* s'éleva et atterrit une centaine de mètres plus loin, sans laisser la moindre trace sur le sol. Mais il s'endommagea contre des chariots.

Exposé dans le Pavillon de la Ville de Paris, derrière le Palais de l'Industrie, l'appareil fut visité par M. de Freycinet et le général Mensier, directeur du génie. Le ministre fut enthousiasmé et engagea Clément Ader à continuer ses essais pour la défense nationale et avec la protection du Ministère de la Guerre. 300.000 francs furent donnés comme subvention. Tous les collaborateurs du constructeur signèrent un engagement officiel :

« Je m'engage à ne divulguer aucun plan, ni document concernant ces travaux, ni à en parler à personne sous quelque prétexte que ce soit.

« Je prends cet engagement non seulement pour toute la durée pendant laquelle je serai attaché au Laboratoire, mais même lorsque j'en serai sorti. »

Ader construit d'abord un moteur à vapeur de 30 C. V. qui pèse 32 kilos, véritable chef-d'œuvre. En 1897, l'*Avion* n° 3 est prêt.

Il a 15 mètres d'envergure. Les ailes sont copiées sur celles de la chauve-souris. Elles sont chargées de 10 à 20 kilos par mètre carré. A vide, il pèse 258 kilos, en ordre de marche 500. Les roues sont folles et peuvent prendre toutes les obliquités pendant les manœuvres au sol. Un gouvernail est placé à l'arrière.

L'appareil est à double traction. Les machines actionnent, chacune directement, deux propulseurs de quatre branches en forme d'énormes plumes, placés à l'avant. La tige est en bambou et les barbes en toile et papier de Chine nervées par un fil de bambou. Les machines tournent en sens inverse l'une de l'autre et sont complètement indépendantes. Il en résulte que les propulseurs servent aussi à la direction. Une barre de gouvernail commande un régulateur de prise de vapeur appartenant à la machine de gauche et un autre à la machine de droite, de telle sorte que lorsque l'un s'ouvre, l'autre se ferme de la même quantité. Le même générateur fournit la pression, la somme d'énergie totale reste constante ; la répartition seule de cette énergie est modifiée.

Les machines, chacune d'une puissance de 30 C. V. sont à quatre cylindres. Le générateur est tubulaire.

« Les formes que je donne aux charpentes des ailes, écrivait Ader, se rapprochent de celles des chauves-souris. Leurs incurvations d'apparence bizarre sont la conséquence des efforts de directions multiples qu'elles doivent supporter. Ces charpentes sont creuses et faites par un procédé spécial qui me permet d'obtenir d'elles une très grande rigidité, tout en leur maintenant une légèreté extrême. Elles sont maintenues en position par des tirants en fil d'acier. Les voiles ou membranes qui servent de point d'appui dans l'air sont en étoffe de soie ; quelques-unes sont élastiques, d'autres sillonnées par de petits tirants logés sur l'étoffe et qui suivent les lignes de force. Les ailes, articulées en toutes leurs parties, se plient complètement. Pendant l'action du vol, ces ailes ne sont pas battantes ; elles restent étendues dans une position de planement ; leur translation est obtenue par de puissants et très légers propulseurs ; elles sont mobiles à l'épaule et se manœuvrent sans effort de l'intérieur de l'avion. »

Le 12 octobre 1897, en présence du général Mensier et du général Grillon, l'*Avion III* réussit quelques envolées et, le surlendemain, il franchissait 300 mètres. Une rafale interrompit le vol. L'appareil revint au sol brutalement, une aile fut brisée, ainsi que les propulseurs.

Cet accident décida le gouvernement à abandonner l'œuvre grandiose malgré les rapports élogieux et les témoignages dignes de foi. M. de Freycinet n'était plus ministre de la Guerre, hélas ! C'était le général Billot qui prit l'incroyable décision, laissant même à Clément Ader la liberté de vendre son invention à l'étranger.

Mais l'inventeur, malgré sa tristesse, malgré les frais qui l'avaient presque ruiné, ne voulut pas faire profiter d'autres que la France de sa merveilleuse invention. Et pourtant il aurait trouvé des acheteurs, trop heureux de l'aubaine !

Après avoir constaté toute la perfide ignorance des bureaux, après avoir cherché vainement les financiers qui lui accorderaient leur concours afin de poursuivre ses recherches, l'inventeur, accablé et déçu de tant d'ingratitude, brûla tout ce qui, pendant des lustres et des lustres, avait été sa vie. Seul l'*Avion III*, trop volumineux, subsista. Dieu merci ! Même devant l'évidence, des gens intéressés ont douté des envolées réussies, qu'eût-ce été si l'appareil avait disparu ?

Il reste certain que le grand Français a été le père de l'aviation, il est non moins certain qu'il a été le premier homme s'élevant sur un plus lourd que l'air. Ces titres de gloire n'ont pas suffi à Clément Ader : il créa, dans une série de volumes remarquables, toute une tactique aérienne. On souriait. La guerre, malheureusement, prouva que le génie avait vu juste. Toutes ses prédictions se réalisèrent et, si on l'avait écouté, que d'erreurs n'auraient pas été commises, que de sang aurait été épargné.

On a rendu justice à Clément Ader. On l'a fêté, longtemps, très longtemps après l'avoir bafoué. Il est mort, le 3 mai 1925, et ses obsèques furent célébrées aux frais de l'État. Il était commandeur de la Légion d'Honneur. Mais on peut dire que si M. de Freycinet était resté ministre, l'aviation aurait, dès 1897, connu l'essor qu'elle ne prit que dix années après et les frères Wright n'auraient jamais été admis à nier les résultats obtenus.

CHAPITRE V

Dans le domaine pratique.

Les deux frères Wright naquirent à Dayton (Ohio) : Wilbur, le 16 avril 1867, Orville, le 6 août 1881, Wilbur mourut de la fièvre typhoïde, le 30 mai 1912.

Ils furent d'abord journalistes, puis constructeurs de bicyclettes. Dès 1896, guidés par les expériences de Lilienthal, ils se livrent à des études sur le vol, s'inspirant des ouvrages de Chanute et tout spécialement aussi du volume du professeur Marey sur le *Vol des Oiseaux*.

Leurs études théoriques durent jusqu'en 1900. Elles les conduisent à établir un planeur différent de ceux qui avaient été faits jusqu'alors. Il ne marquait pas une tendance à se redresser de lui-même, mais au contraire, l'aviateur devait, au moyen de commandes spéciales, rétablir l'équilibre. C'est alors que les inventeurs réalisèrent le système de gauchissement des ailes.

En 1900, ils passèrent de la théorie à la pratique, et commencèrent leurs essais sur une longue langue de sable, au bord du Pacifique, non loin d'un endroit appelé Kitty Hawk, dans la Caroline du Nord.

Ce terrain absolument désert se prêtait tout à fait au mystère dont les frères Wright ont toujours entouré leurs premières expériences. Elles débutèrent par un essai de la machine tirée comme un cerf-volant. L'un d'eux prit place ensuite couché sur l'appareil que deux hommes emmenaient en courant contre le vent et en descendant une colline de sable de 30 mètres de hauteur, nommée Kill Devil Hill, jusqu'à ce que la machine, soutenue par l'air, continuât à glisser le long de la pente.

Pendant trois ans, ils poursuivent ces essais, modifiant sans cesse leur appareil, parvenant à faire un vol de 40 à 50 mètres et planant parfois une minute. Dans l'impossibilité de trouver un moteur léger chez les constructeurs américains, ils en construisirent un eux-mêmes dans leur petit atelier. Ce moteur d'une force de 16 chevaux entraînait deux hélices tournant en sens contraire au moyen de chaînes croisées.

Le 17 décembre 1903, date historique, l'avion quittait le sol, Orville Wright à son bord, et volait douze secondes. Plusieurs vols furent accomplis le même jour : le plus long fut de cinquante-deux secondes pour un parcours de 267 mètres à 3 mètres du sol. Dans cet appareil, le pilote était couché sur le ventre.

Les deux frères se transportèrent alors dans une prairie près de Dayton. Pendant deux ans, ils perfectionnèrent leur appareil, augmentèrent la durée de leurs vols et atteignirent 40 kilomètres, le 4 octobre 1905. Ce n'est qu'à la fin de 1905 que la nouvelle parvint en Europe que deux Américains volaient sur un plus lourd que l'air. Elle fut accueillie avec la plus complète incrédulité.

C'est qu'en France nous avions été moins vite.

Nous donnerons des extraits d'une étude que les frères Wright publièrent dans *The Century Magazine* de septembre 1908. Cette autobiographie, traduite par le colonel Ferrus, montrera combien furent pénibles les débuts des précurseurs.

« L'intérêt que la navigation aérienne nous a inspiré remonte aux jours de notre enfance. A la fin de l'automne 1878, notre père rentra un soir, portant un objet qu'il tenait à demi-caché dans ses mains : avant que nous ayons pu nous rendre compte de sa nature, il le jeta en l'air. Au lieu de tomber à terre ainsi que nous nous y attendions, cet objet s'envola à travers la chambre jusqu'à ce qu'il fût venu cogner le plafond contre lequel il voleta un instant, et finalement dégringola sur le plancher.

« C'était un petit jouet, portant le nom scientifique d' « Hélicoptère », mais qu'avec un merveilleux mépris de la science nous baptisâmes à l'instant « chauve-souris ». Il se composait d'une carcasse légère en bambou et en liège, recouverte de papier, et comprenant deux hélices sollicitées en sens inverse par des cordons de caoutchouc tordus. Un joujou aussi délicat ne subsista que peu de temps entre les mains d'un tout jeune garçon, mais le souvenir en demeura.

« Quelques années plus tard, nous nous mîmes à construire des hélicoptères de ce genre pour nous-même, en augmentant chaque fois leurs dimensions. Mais à notre grande stupéfaction, plus la « chauve-souris » était grande, moins elle volait. Nous ne savions pas alors qu'une machine de dimensions linéaires doubles exige un moteur huit fois plus puissant. Nous finîmes par nous décourager et nous revînmes au cerf-volant, genre de sport dont nous nous étions assez occupés pour y être devenus experts. Mais quand nous devînmes un peu plus vieux, il nous fallut abandonner ce sport enchanteur comme ne convenant plus à notre âge.

« Ce fut seulement dans le courant de l'été 1896, lorsque parvint en Amérique la nouvelle de la mort déplorable de Lilienthal, que nous reportâmes d'une façon durable notre attention sur la question du vol.

« Au mois d'octobre 1900, nous commençâmes nos véritables expériences à Kitty-Hawk (Caroline du Sud). Notre machine était destinée à voler comme un cerf-volant, avec un homme à bord, par des vents de 15 à 20 milles à l'heure (24 à 32 kilomètres à l'heure soit 6 mètres 70 à 8 mètres 90 par seconde). Mais, à l'usage, nous constatâmes que pour l'enlever, il fallait des vents beaucoup plus forts. Les vents nécessaires n'étant pas fréquents, nous fûmes réduits, pour essayer notre système nouveau d'équilibrage, à faire voler la machine comme un cerf-volant, sans personne à bord, en actionnant les leviers au moyen de cordes que nous manœuvrions à terre. Ce procédé ne nous donna pas l'entraînement espéré, mais il nous inspira confiance dans le système nouveau d'équilibrage.

« Durant l'été 1901, nous entrâmes en relations personnelles avec M. Chanute. Lorsqu'il apprit que nous nous occupions d'aviation au seul point de vue du sport, et nullement avec l'espoir de rentrer dans nos débours, il nous encouragea de tout son pouvoir. Sur notre invitation, il passa plusieurs semaines avec nous dans notre campement de Kil Devil Hill, à 6 ou 7 kilomètres au sud de Kitty Hawk, pendant nos essais de 1901 et ceux des deux années suivantes. Il assista également à un des vols de notre aéroplane à moteur près de Dayton (Ohio), au mois d'octobre 1904.

« Notre appareil de 1901 comportait des surfaces sustentatrices de la forme de celle de Lilienthal, avec un profil en arc de parabole et une flèche de un douzième, mais, pour être doublement sûrs qu'il posséderait une force ascensionnelle suffisante comme cerf-volant, par des vents de 15 à 20 milles (24 à 32 kilomètres à l'heure, 7 à 9 mètres par seconde), nous portâmes la superficie de 15 mètres qu'il avait en 1900 à 29 mètres carrés, ce qui dépassait de beaucoup la superficie que Lilienthal, Pilcher et Chanute avaient jugé rassurante. Et, néanmoins, dans la pratique, la force sustentatrice se trouva être très inférieure à notre estimation, si bien que l'idée de nous entraîner par le procédé du cerf-volant dut être abandonnée. M. Chanute, qui assistait aux essais, nous déclara que le mécompte n'était point imputable à des défauts de construction. Quant à nous, nous ne vîmes qu'une seule explication, savoir : « que les tables de pression de l'air en usage étaient inexactes ».

« Nous nous décidions alors à faire des glissades aériennes, en descendant en l'air la pente des collines, seule méthode qui nous permît d'apprendre l'équilibre en aéroplane. Au bout de quelques minutes d'exercice, nous nous trouvions en état d'effectuer des glissades de plus de 300 pieds (90 mètres), et en quelques jours, nous arrivions à manœuvrer avec sûreté par des vents de 12 mètres.

« Les essais de 1901 étaient cependant loin d'être encourageants. M. Chanute ne nous en assura pas moins que, aussi bien au point de vue de la dirigeabilité qu'à celui du poids porté par cheval, les résultats obtenus étaient supérieurs à ceux de tous nos prédécesseurs. Nous nous rendîmes compte que tous les chiffres qui avaient servi de base au calcul des aéroplanes étaient inexacts et que l'on ne faisait que tâtonner dans l'obscurité. Partis avec une confiance absolue dans les données scientifiques existantes, nous étions arrivés à révoquer en doute une chose après l'autre, si bien qu'en fin de compte, après deux ans d'essais, nous jetâmes tout notre bagage par-dessus bord, décidant de nous en rapporter uniquement aux résultats de nos propres recherches. La vérité et l'erreur étaient en effet mélangées au point de former un ensemble inextricable. Toutefois, le temps consacré à l'étude préliminaire des ouvrages spéciaux ne fut pas perdu, car ces ouvrages nous donnèrent une idée d'ensemble exacte du sujet et nous permirent d'éviter dès le début, nombre de tentatives effectuées dans des directions sans aucune issue...

« Dans le courant des mois de septembre et octobre 1902, nous exécutions près d'un millier de vols planés, dont plusieurs d'une étendue de plus de 200 mètres (600 pieds). Quelques-uns, effectués contre un vent de 36 milles à l'heure (16 mètres par seconde), nous fournirent la preuve de l'efficacité de nos dispositifs de contrôle. Pendant l'automne de 1903, nous fîmes avec la même machine un grand nombre de vols durant lesquels nous nous maintînmes en l'air plus d'une minute, planant souvent un temps considérable au-dessus d'un point donné, sans descendre le moins du monde.

« Possédant des données précises pour effectuer des calculs et un système d'équilibrage efficace dans le cas de vent aussi bien que par temps calme, nous croyions nous trouver désormais en état de construire avec succès un aéroplane à moteur. Les premiers dessins prévoyaient un poids total de 600 livres (280 kilos) y compris l'expérimentateur et un moteur de 8 chevaux. Mais, une fois exécuté, le moteur se montra plus puissant qu'on le pensait, et cela nous permit d'augmenter le poids de 150 livres (70 kilos) pour renforcer les ailes et d'autres parties de l'appareil.

« Nos tables nous rendaient le dessin des ailes facile, et comme les hélices propulsives étaient de simples surfaces animées d'un mouvement hélicoïdal, nous ne prévoyions de ce côté aucune difficulté. Nous avions espéré obtenir des ingénieurs des constructions navales la théorie des hélices propulsives et, par une simple application de nos tables de pression de l'air à leurs formules, pouvoir dessiner des propulseurs aériens appropriés à nos vues. Mais autant que nous pûmes nous renseigner, les ingénieurs des constructions navales ne possédaient que des formules empiriques, et le fonctionnement exact des hélices propulsives était toujours resté aussi obscur après un siècle d'emploi.

« Les premiers vols avec aéroplane à moteur furent effectués le 17 décembre 1903. Cinq personnes assistaient à nos essais : MM. John T. Daniels, N. S. Dough et A. D. Etheridge, de la station de sauvetage de Kill Devil ; MM. W. C. Brinkley (de Manteo) et John Ward (de Naghead). Bien que nous eussions adressé une invitation générale à tous les habitants à 5 ou 6 milles (8 à 10 kilomètres) à la ronde, peu de gens se souciaient de s'exposer aux rigueurs d'un vent glacial de décembre pour voir, pensaient-ils, une machine volante « ne pas voler ».

« Le premier vol dura 12 secondes, vol bien modeste, si on le compare à ceux des oiseaux, mais c'était cependant la première fois dans l'histoire du monde[1] qu'une machine portant un homme s'était enlevée dans les airs, en vol libre par ses propres moyens, avait décrit un parcours horizontal sans réduire sa vitesse et avait finalement abordé sans naufrage. Les second et troisième vols furent un peu plus prolongés et le quatrième dura 59 secondes couvrant, contre un vent de 20 milles (32 kilomètres à l'heure, soit 8 mètres par seconde) un parcours de 825 pieds mesuré sur le terrain (260 mètres).

« La machine fut ramenée au campement et remisée dans un emplacement que l'on estimait parfaitement sûr. Mais quelques minutes plus tard, pendant que nous parlions des vols effectués, une rafale soudaine tomba sur la machine et commença à la retourner. Tout le monde courut pour la retenir. Nous arrivâmes trop tard. M. Daniels,

---

[1]. Les frères Wright, aidés en cela par un certain nombre de Français, ne voulurent jamais reconnaître les envolées de Clément Ader.

un géant de stature et de force, fut enlevé de terre et projeté sur le côté entre les deux ailes, secoué comme un haricot dans un tambour, tandis que la machine roulait bord sur bord. Il retomba finalement sur le sable sans autre dommage que quelques contusions douloureuses, mais les avaries subies par l'appareil interrompirent les expériences.

« Au printemps de 1904, grâce à l'obligeance de M. Tarence Huffman, de Dayton (Ohio), nous pûmes construire un hangar et continuer nos essais dans la prairie Huffman, à Cinnus Station, à 8 milles à l'est de Dayton. Le nouvel aéroplane était plus lourd et plus robuste que celui qui avait volé à Kill Devil Hill, mais lui ressemblait beaucoup. Lorsqu'il fut prêt pour son premier essai, tous les journaux de Dayton furent prévenus, et une douzaine de représentants de la presse arrivèrent. Nous demandâmes seulement qu'on ne prît aucune vue, et que l'on ne fît pas de comptes rendus sensationnels, de façon à ne point attirer la foule sur notre champ d'expériences. Il se trouvait environ 50 personnes sur le terrain. Quand les préparatifs furent terminés, il ne régnait qu'un vent de 3 à 4 milles (6 à 8 mètres à la seconde), insuffisant pour nous enlever sur un aussi faible parcours, mais comme plusieurs personnes avaient fait beaucoup de chemin pour voir l'appareil en action, nous fîmes un essai. Pour comble de difficulté, le moteur se refusa à fonctionner convenablement. La machine, après avoir parcouru la longueur de la piste de lancement, continua à glisser sans s'élever en l'air le moins du monde.

« Quelques reporters vinrent encore le lendemain, mais furent de nouveau déçus. Le moteur fonctionna mal et, après une glissade de 60 pieds seulement (19 mètres), l'aéroplane redescendit sur le sol. Les essais furent remis au moment où le moteur serait en meilleur état de fonctionnement. Les reporters perdirent. dès lors. sans aucun doute, toute confiance dans l'aéroplane, bien que, par amabilité, leurs comptes rendus n'en laissâssent rien voir. Plus tard quand ils apprirent que nous réussissions des vols de plusieurs minutes, sachant que des vols plus longs avaient été effectués avec des dirigeables et ignorant la différence essentielle entre les dirigeables et les aéroplanes, ils ne prêtèrent que peu d'intérêt à ce que nous faisions.

« En 1904, nous n'avions pas volé longtemps sans nous apercevoir que le problème de l'équilibre n'était pas entièrement résolu. Parfois en décrivant un cercle, l'appareil cherchait à se renverser latéralement. malgré tout ce que pouvait faire l'aviateur, alors que dans les mêmes conditions, au cours d'un vol ordinaire en ligne droite, il se serait redressé en un instant.

« En 1905, pendant un vol où il tournait en cercle autour d'un arbre à miel, à une hauteur d'environ 50 pieds (14 mètres), l'aéroplane commença tout à coup à basculer sur une aile et prit sa course vers l'arbre. L'expérimentateur ne goûtant pas l'idée de débarquer sur un arbre épineux s'efforça de regagner le sol. L'aile gauche n'en toucha pas moins l'arbre à une hauteur de 10 à 12 pieds en enlevant quelques branches : mais le vol qui comprenait déjà un parcours de 6 milles (9.654 m.) continua jusqu'au point de départ.

« La cause de ces dérangements ne put être surmontée avant la fin de septembre 1905. Les vols augmentèrent alors rapidement de durée jusqu'au 5 octobre, date à laquelle les expériences furent interrompues en raison du nombre de gens attirés par elle. Bien qu'ils fûssent exécutés sur un terrain ouvert de toutes parts et bordé de deux côtés par des artères très fréquentées, avec des tramways électriques circulant toutes les heures, et qu'ils eûssent été contemplés par tous les gens habitant à quelques milles à la ronde, nos vols étaient restés pour les journaux le sujet d'un profond mystère.

« Ayant ainsi réalisé un aéroplane pratique, nous consacrâmes les années 1906 et 1907 à construire de nouveaux appareils et à nous livrer à des négociations commerciales. Ce fut seulement en mai 1908, que nous reprîmes à Kill Devil Hill (Caroline du Nord) nos expériences interrompues depuis octobre 1905. Ces derniers vols furent exécutés pour vérifier si notre appareil était en état de satisfaire aux conditions de notre contrat avec le gouvernement des États-Unis. Par ce contrat, nous nous engagions à fournir un aéroplane capable de transporter deux hommes avec un approvisionnement de combustible permettant d'effectuer un vol de 125 milles (200 kilomètres), à la vitesse de 40 milles (64 kilomètres) à l'heure.

« L'aéroplane employé pour ces expériences était le même qui avait volé à Cinnus-Station, en 1905, mais il avait subi différentes modifications, de façon à pouvoir satisfaire aux conditions imposées. C'est ainsi que l'expérimentateur était assis au lieu d'être couché sur le ventre comme en 1905, et qu'un siège avait été ajouté pour recevoir un passager. Nous avions également installé un moteur plus puissant. Un radiateur et un réservoir à essence de plus grande dimension, remplaçaient ceux que nous avions employés jusque-là. Nous ne fîmes aucune tentative pour effectuer des vols de grande étendue ou de grande altitude.

« Pour se faire une idée générale de la façon dont l'appareil fonctionne, le lecteur n'a qu'à se représenter les préparatifs de départ.

Au milieu, à gauche : Wilbur Wright en vol, à Auvours. — A droite, Wilbur Wright, sur le siège de pilote, et son frère Orville à droite) donnent des explications au roi d'Espagne (au milieu). — En bas : à gauche, l'appareil Santos-Dumont (4 septembre 1906). — A droite, le capitaine Ferber sur son auto à hélices.

L'appareil est installé sur un monorail faisant face au vent et solidement relié à un câble. Le moteur est mis en marche et, derrière lui, les hélices commencent à tourbillonner. Vous vous asseyez au centre de l'aéroplane, à côté du conducteur. Celui-ci lâche le câble et vous vous élancez en avant. Un aide qui maintenait la machine en équilibre sur le rail s'élance avec vous, mais avant que vous ayez parcouru 40 pieds (12 mètres), la vitesse est devenue trop grande pour lui, et il vous abandonne. Avant d'arriver à la fin du monorail, le conducteur braque le gouvernail avant, et l'aéroplane s'élève comme un cerf-volant que supporte la pression de l'air. Le terrain en dessous vous apparait d'abord comme une simple tache, mais, à mesure que vous vous élevez, les objets deviennent plus nets. A une hauteur d'une centaine de pieds (30 mètres), en dehors de l'air qui vous frappe la figure, vous ne ressentez plus aucune impression de mouvement. Si vous n'avez pas pris au départ, la précaution d'enfoncer votre chapeau sur la tête, vous avez beaucoup de chances pour qu'il se soit envolé à ce moment. Le conducteur actionne un levier : l'aile droite s'élève et l'aéroplane s'incline sur sa gauche. Vous exécutez un virage très court, mais vous n'éprouvez pas ici la sensation d'être arraché de votre siège, si souvent perçue en automobile et en chemin de fer. Vous vous retrouvez alors face à votre point de départ. Les objets terrestres semblent maintenant se mouvoir à une vitesse beaucoup plus grande, bien que la pression de l'air sur votre figure ne vous ait point paru changer. C'est que vous marchez avec le vent.

« Quand vous approchez du point de départ, le conducteur arrête le moteur alors que vous êtes encore assez haut. La machine descend obliquement jusqu'au sol, et après une glissade de 50 à 100 pieds (15 à 30 mètres), s'arrête. Bien que souvent l'aéroplane atterrisse avec une vitesse de marche d'un mille par minute (96 kilomètres à l'heure, 27 mètres par seconde), vous ne sentez néanmoins aucun choc, et il vous est impossible de dire à quel moment précis vous avez touché le sol. Le moteur a fait, à côté de vous, un bruit assourdissant pendant presque la durée du vol ; mais, dans votre surexcitation, vous ne vous en êtes point aperçu jusqu'à ce qu'il soit arrêté ! »

Depuis 1905, le silence s'était fait en France sur les expériences des frères Wright. Ceux-ci s'étaient contentés de perfectionner leur appareil en secret. Le 16 mars 1908, ayant repris leurs essais, il faisaient trois vols tous les deux à bord.

Puis, on apprend que le ministère de la Guerre américain vient d'acheter 125.000 francs un aéroplane aux inventeurs et que M. Lazare

Weiller est décidé à acheter 500.000 francs le brevet français de Wright. Il a mis comme condition que l'appareil exécuterait dans la même semaine en France, deux vols de 60 kilomètres en une heure, avec un passager.

Pendant qu'Orville reste en Amérique, pour procéder aux essais du terrain de Fort-Myers, Wilbur arrive en France avec son appareil, s'installe au Mans dans l'usine de Léon Bollée et tout seul, remonte l'avion, le met au point. Il va s'installer à l'hippodrome des Hunaudières où, pendant plusieurs jours, il se cache aux yeux du public.

Le 8 août, il s'envole, vire et se pose après 1 heure 45 de vol. L'appareil est un biplan dont les deux surfaces, légèrement concaves au-dessous, sont parallèles. L'envergure est de 12 mètres 50 : la longueur des plans est de 1 mètre 80. A l'avant, à 2 mètres, le gouvernail horizontal de profondeur, biplan. Entre les deux plans se trouve le moteur de 25 chevaux pesant 90 kilos, qui transmet son énergie à deux hélices en bois, par des chaînes croisées : elles sont démultipliées et tournent dans le rapport de 33 à 9. Le poids total de l'appareil est de 250 kilos. A gauche du moteur, se trouvent deux sièges. Le pilote a entre chaque main un levier, celui de droite assure la direction et sert à gauchir les extrémités des ailes, l'autre commande le gouvernail de profondeur.

L'appareil ne possède que deux parties. Il repose sur un chariot minuscule, muni de deux roues qui s'encastrent sur un rail de 20 mètres de long. Lorsque le vent souffle, on dispose le rail contre le vent et l'appareil s'envole sous l'action des hélices. Lorsque le vent manque, des disques de fonte de 70 kilos sont hissés en haut d'un pylône de 6 mètres de haut, ces disques sont reliés au chariot porteur au moyen d'un câble passant sur des poulies de renvoi. L'aviateur, avec le pied, déclenche un système qui provoque la chute des disques et l'appareil est lancé en avant comme par une catapulte.

Wilbur va bientôt au camp d'Auvours continuer ses essais. Le 31 septembre 1908, il vole pendant 1 heure 31 minutes 25 secondes 4/5, couvrant 60 kilomètres 600, s'attribuant le record de distance, de durée et, provisoirement, la Coupe Michelin 1908.

La veille, il avait battu de loin le record avec passager, tenant l'air 55 minutes 37 secondes 2/5. Le 10 octobre, il tient l'air 1 heure 9 minutes 40 secondes 2/5. Après divers vols remarquables, le 31 décembre, il s'attribue la possession de la Coupe Michelin pour 1908, en couvrant 124 kil. 700 en 2 heures 30 minutes 23 secondes 1/5. Entre temps, le 18 septembre en Amérique, Orville avait fait une chute de 40 mètres avec le lieutenant Selfridge. Il s'était brisé la jambe, et son passager était mort deux heures après.

C'était la première victime des aéroplanes à moteur.

LES RECHERCHES DE SANTOS-DUMONT

Il appartenait à un homme que son audace et son ingéniosité avaient déjà rendu populaire d'être le premier à résoudre le problème publiquement en Europe.

Né au Brésil, le 20 août 1873, Santos-Dumont s'était intéressé à l'aéronautique dès son arrivée en France en 1892. Son succès dans le prix Deutsch de la Meurthe qu'il enleva le 19 octobre 1901, en doublant le premier la Tour Eiffel en dirigeable, avait fait de lui le point de mire de la foule.

Le plus lourd que l'air devait l'attirer. Ses premiers essais se portèrent vers l'hélicoptère qu'il abandonna bien vite pour l'aéroplane. Son type n° 1 était constitué par six cellules Hargrave disposées de façon à former un V largement ouvert. En avant, une petite cellule constituant un gouvernail de profondeur et de direction. A l'arrière, un moteur Antoinette de 24 chevaux, actionnant une hélice en aluminium. L'aviateur était placé dans une petite nacelle en osier; il avait à droite un levier pour les mouvements en profondeur et, à gauche un volant pour les mouvements horizontaux.

En juillet 1906, Santos-Dumont suspend son appareil à un petit ballon dirigeable et le fait tirer par des chevaux, mais leur faible vitesse ne leur permet pas de l'enlever. Il le munit alors de roues de bicyclette et arrive en août, à faire un petit bond. Le 7 septembre, il remplace son moteur par un autre de 50 chevaux et quitte le sol une seconde. Le 13 septembre, il franchit 10 mètres. Le 23 octobre, il gagne la coupe Archdeacon en volant 50 mètres. Enfin, le 12 novembre, il parcourt 220 mètres à 6 mètres de hauteur, en 21 secondes 2/5 et tente vainement un essai de virage, au milieu des ovations du public. Ces 220 mètres et ces 21 secondes 2/5 constituent les premiers records du monde officiels de distance et de durée en avion.

L'essai d'Ader est contesté par certains. Les vols de Wright ne sont connus que de très peu de personnes, en général incrédules : pour tout le monde Santos-Dumont est le premier homme qui ait volé.

Voici d'ailleurs comment les résultats furent homologués par la Commission d'aviation de l'Aéro-Club de France, à la suite de la journée historique du 12 novembre 1906 :

« Premier essai. — Départ à 10 heures du matin. L'appareil s'enlève avant la ligne de départ et parcourt en 5 secondes, à 40 centimètres du sol, une quarantaine de mètres, le moteur tourne à 900 tours.

« Deuxième essai. — Départ à 10 heures 25. L'appareil parcourt tout le champ d'entrainement, exécutant deux vols à peu de distance du sol, le premier de 40 mètres et le second de 60 mètres environ. Le parcours se termine par un essai de virage en plein vol, virage arrêté par la proximité des arbres, après qu'un quart de volte était déjà effectué. L'essieu de la roue porteuse droite, légèrement faussé dans l'atterrissage, est réparé pendant le déjeûner.

« Pendant ces deux essais, des brises assez inconstantes soufflaient par risées.

« Troisième essai. — Départ à 4 heures 9. Deux envolées : la première de 50 mètres, la seconde chronométrée par MM. Surcouf et Besançon, de 82 mètres 60 en 7 secondes 1/5, soit 11 mètres 47 à la seconde ou 41 km. 292 à l'heure. Essai de virage à droite, arrêté par la barrière du Polo, alors que l'appareil avait déjà décrit presque une demi-volte.

« Dans cet essai, Santos-Dumont a donc officiellement battu son parcours du 23 octobre par lequel il détenait la coupe d'aviation Archdeacon. Tous les trajets précédents avaient été exécutés dans le même sens : le départ se faisait à l'extrémité nord de la pelouse de Bagatelle et l'arrêt vers le Polo.

« Le quatrième essai s'opéra en sens inverse des trois autres. L'aviateur partit face au vent. Le départ eut lieu à 4 heures 45 dans le jour déclinant. L'appareil favorisé par le vent debout et aussi par une très légère pente est presque tout de suite à l'essor. Il file éperdûment, surprenant les spectateurs éloignés qui ne se rangent pas assez vite. Pour éviter la foule, Santos-Dumont augmente l'incidence et dépasse 6 mètres de hauteur. Mais, du même coup, la vitesse a diminué. Le vaillant expérimentateur a-t-il eu un instant d'hésitation ? L'appareil parait moins équilibré : il esquisse un virage à droite. Santos, toujours merveilleux de sang-froid et d'adresse, coupe l'allumage et revient au sol. Mais l'aile droite touche avant les roues porteuses, et subit de très légères avaries. Heureusement Santos est indemne, et c'est alors la ruée des assistants emballés et leurs frénétiques ovations. »

La pelouse de Bagatelle étant trop petite, Santos-Dumont s'en va au terrain de manœuvres de Saint-Cyr. Le 4 avril 1907, il vole 50 mètres. Son appareil s'endommage au sol et est remplacé par le Santos-Dumont XV quelque peu perfectionné. Celui-ci ne donne pas toute satisfaction et le type XIX, à surface unique, lui succède. Ce sera la première des « Demoiselles » qui eurent tant de succès, avec lesquelles Santos-Dumont fit du cross-country, le glorieux Garros et le champion Audemars apprirent à voler et donnèrent de très remarquables meetings.

La première « Demoiselle » était constituée par une tige en bambou de 8 mètres de long avec, à l'avant, un moteur de 18-20 chevaux et le plan sustentateur. L'envergure était de 5 mètres et la surface de 10 mètres carrés. Le moteur à deux cylindres horizontaux opposés ne pesait que 22 kilos et actionnait en prise directe une hélice à deux pales de 1 mètre 25 de diamètre. À l'extrémité de l'épine dorsale en bambou, le gouvernail principal, cruciforme, à la cardan, agissait dans tous les sens.

Un châssis rectangulaire sur trois roues supportait l'édifice. Le pilote était assis sur une sangle entre les montants du châssis, avec à droite et à gauche le gouvernail de direction et à l'avant un petit gouvernail de profondeur. En ordre de marche, pilote à bord, l'engin ne pesait que 106 kilos.

Le 16 novembre 1907, à Bagatelle, vol de 200 mètres à 6 mètres de haut. Le 17 novembre, nouveau vol de 200 mètres.

La « demoiselle » suivante (Santos-Dumont XX) devait permettre des envolées de 2.000 mètres (6 avril 1909), de 1.500 mètres (9 avril 1909) à 30 mètres du sol.

LES TRAVAUX DES FRANÇAIS

Dès 1898, le capitaine Ferber avait repris les expériences de Lilienthal. Né à Lyon, en 1863, ancien élève de l'école Polytechnique, licencié ès sciences, capitaine d'artillerie depuis 1893, Ferber attaqua le problème en sportsman par le côté pratique, mais il y apporta la méthode du mathématicien et du scientifique.

Il fit construire un pylone de fer de 18 mètres de haut, supportant un fléau de 39 mètres, mobile autour de son pivot, à une extrémité duquel il attacha les appareils à essayer.

C'est sur le terrain militaire de Nice que l'inventeur avait fait établir à ses frais ce dispositif. Du fléau descendaient des cordages dont la traction rendait libre l'aéroplane suspendu à un crochet. La hauteur de chute étant exactement connue, les vitesses pouvant être mesurées, ce procédé ingénieux procura des chiffres indiscutables qui eurent pour l'aviateur la plus grande importance.

En 1903, une glissade de 150 mètres fut ainsi obtenue.

Voici la succession des travaux du capitaine Ferber, qui se tua le 22 septembre 1909 en atterrissant dans un fossé.

N° 1. Planeur de 30 kilos, de 25 mètres carrés de surface, de 8 mètres d'envergure, qui se brisa à son premier essai ;

N° 2. Planeur de 20 kilos, 6 mètres d'envergure, 15 mètres carrés de surface, expérimenté surtout comme cerf-volant. Sa stabilité était sujette à caution ;

N° 3. 30 kilos, 7 mètres d'envergure et 15 mètres carrés de surface, avec le bord des ailes légèrement relevé pour augmenter la stabilité, mais sans résultats appréciables ;

N° 4. 30 kilos, 8 mètres d'envergure et 15 mètres carrés de surface. Lancé du haut d'un échafaudage de 5 mètres à Nice, en 1901, il franchit 15 mètres et se posa avec douceur, au bout de vingt-quatre secondes. Mais la stabilité était toujours précaire.

C'est alors que Ferber entra en correspondance avec Chanute et laissa le planeur à surface unique pour le type cellulaire :

N° 5. Du type Chanute et Wright, 50 kilos, 9 mètres 50 d'envergure, 33 mètres carrés de surface, 1 mètre 80 de long. A son premier essor, en 1902, il vola 25 mètres, au second il atteignit 50 mètres.

N° 6. Appareil plus petit avec deux gouvernails de direction latéraux essayés au Touquet.

Rappelons les impressions du pilote :

« Il faut que le débutant, avant le départ, se suggestionne d'exécuter immédiatement le mouvement du gouvernail pour atterrir, car il n'a le temps ni de voir, ni de raisonner. Plus tard, le sang-froid vient peu à peu et l'on apprend à avoir la main douce comme à bicyclette, en automobile ou à cheval. Cependant, on retrouve difficilement le sentiment de l'horizontale et j'ai été obligé d'installer sur l'appareil un niveau sphérique à bulle d'air.

« Quand le trajet dépasse 15 mètres, on commence à avoir l'esprit libre et la sensation de plaisir devient intense. C'est une impression de montagne russe sur laquelle on voyagerait lentement et très élastiquement. Le vent bourdonne aux oreilles, et c'est la terre qui fuit au-dessous de vous. L'atterrissage est très doux et très dur suivant l'à-propos du gouvernail. »

Le colonel Renard demanda au capitaine Ferber de venir continuer ses recherches à Chalais-Meudon où il fit installer un plan incliné. Le précurseur commença à faire du vol plané sur des parcours de 40 et 50 mètres, puis, sur son appareil, il adapta un moteur de 12 chevaux,

De haut en bas : l'avion Farman n° 1, construit par Gabriel Voisin, qui réalisa le premier kilomètre en circuit (1908). — Un sauvetage de Latham dans la Manche (1909). — Louis Blériot à son départ pour la traversée de la Manche, à gauche, et à son arrivée à Douvres, le 25 juillet 1909.

4

pas assez puissant. Se heurtant à l'intransigeance routinière des bureaux qui voulaient bien tirer gloire des résultats obtenus, mais s'obstinaient à ne pas les aider, Ferber acheta un Antoinette de 24 chevaux. Nouvelle intervention du ministère de la Guerre : l'appareil et le moteur sont expulsés du hangar qui les abrite, passent les nuits en plein air, et une tempête nocturne détruit l'aéroplane. De colère, le capitaine Ferber se fait mettre en congé et entre à la maison Antoinette où il construit son type IX.

Le premier vol était effectué le 25 juillet 1908. Il atteignait 300 mètres. Puis, rappelé à l'activité, l'inventeur confia son appareil à son bras droit Legagneux, qui devait, lui aussi, atteindre la célébrité et connaître une destinée tragique. Le 19 août, Legagneux parcourait 256 mètres et, après un second vol, de 500 mètres cette fois, un atterrissage brusque brisait l'appareil.

« Pas à pas, saut à saut, vol à vol, » telle était la formule du capitaine Ferber à ses débuts. Il la complétait par cette phrase dont l'avenir, rapidement, prouva la justesse : « De crête à crête, de ville à ville, de continent à continent ».

L'aviation avait trouvé un autre prophète en M. Ernest Archdeacon.

Au moment où le capitaine Ferber luttait pour trouver la solution du vol, M. Ernest Archdeacon, dès 1902, et plus ardemment encore après la visite d'Octave Chanute, faisait appel aux mécènes, au gouvernement et aux inventeurs, afin que la France pût jouer son rôle dans la science spéciale de l'aviation, où elle était loin de tenir la tête « alors que la plupart des bons esprits sont aujourd'hui convaincus que là seulement est la véritable voie ».

« La patrie des Montgolfier, ajoutait-il, aura-t-elle la honte de laisser réaliser par l'étranger cette ultime découverte de la science aérienne, qui est assurément imminente et qui constitue la plus grande révolution scientifique que l'on ait vue depuis l'origine du monde ? »

Convaincu, ardent, enthousiaste, payant de sa personne et de ses deniers, M. Ernest Archdeacon créa, avec M. Henri Deutsch de la Meurthe, un prix de 50.000 francs pour le premier aviateur devant couvrir un kilomètre en circuit fermé. A la suite du voyage de Chanute, il fit construire, en 1904, un planeur analogue à celui des frères Wright : il l'essaya sur les dunes de Berck. Il continua ses expériences en compagnie d'un jeune Lyonnais, Gabriel Voisin, conquis à la cause par les conférences de Ferber.

Dès lors, c'est la vie angoissante sur les dunes de Merlimont, à Berck, les départs dans le vent du large qui retourne pilote et planeur, les chutes, les courbatures, les désespoirs, les lueurs de succès. Peu à peu l'expérience vient, les vols s'allongent, l'avion est modifié ; de cellule unique il va être muni d'une queue : c'est le type de Chanute.

Ce type est maniable, stable, mais il faut le pourvoir d'un groupe motopropulseur. Nouvelles difficultés. Les données sont inexistantes. Les évaluations de la puissance nécessaire à l'envol et à la sustentation de la machine portant un pilote varient de 14 à 100 chevaux suivant l'optimisme ou le pessimisme des compétences qui, déjà, cherchaient à anéantir dans l'œuf toute idée de progrès.

Gabriel Voisin a vite fait de reléguer ces savants en chambre aux vieilles lunes et, moins ambitieux, va s'efforcer tout seul, par l'expérimentation, de conquérir l'air. Il construit pour M. Archdeacon un planeur qui sera lesté et remorqué.

Le champ d'évolution ? La Seine. L'avion est monté et vole. Vitesse, poids, traction sur la remorque sont notés : voici des données précises. Au diable, les conseilleurs. C'est le 8 juin 1905 que se fait le premier essai sur l'eau derrière l'auto-canot *la Rapière*. Auparavant, le 26 mars 1905, sur le terrain d'Issy-les-Moulineaux, on avait procédé à un essai derrière une automobile avec un appareil lesté d'un sac de sable de 70 kilos.

Aussitôt que le moteur que l'on attend sera prêt, le problème aura sa solution. Et ce sera alors la grande compétition pour le prix Deutsch-Archdeacon de 50.000 francs.

Gabriel Voisin sait qu'il a tout ce qu'il faut pour construire la machine qui réalisera l'exploit. Tout, sauf une chose qui lui manque parce qu'elle ne s'invente pas : l'argent.

Le constructeur n'est pas embarrassé pour si peu : il vend sa machine, payable après un kilomètre en circuit fermé exécuté par l'acheteur qui, par ce fait même, gagnerait 50.000 francs. Donc tout à gagner. C'est une bonne affaire.

Delagrange commande, hésite, perd du temps ; Henry Farman commande, apprend à piloter, guidé par Voisin et, le 13 janvier 1908, gagne le prix Deutsch-Archdeacon en doublant un kilomètre.

Cet appareil qui appartient à l'histoire, avait un planeur cellulaire de 10 mètres d'envergure, une queue cellulaire munie de plans de dérive, un équilibreur à l'avant du fuselage qui portait le pilote, les réservoirs, un moteur de 50 chevaux muni d'une hélice métallique construite par Voisin. Un châssis à roues orientables portait le tout.

CHAPITRE VI

La traversée de la Manche.

Né à Douai, en 1872, ancien élève de l'École Centrale, Louis Blériot était depuis longtemps hanté par l'idée de la locomotion aérienne. En 1899, il construisait un premier appareil ornithoptère ou à ailes battantes. Il essaya, en même temps qu'Archdeacon et Gabriel Voisin au-dessus de la Seine, un planeur qu'il transporta ensuite sur le lac d'Enghien. En 1907, il établit un monoplan avec gouvernail à l'avant, qui affectait la forme d'un gigantesque « canard » d'où son nom : les ailes étaient incurvées et leur incidence pouvait se varier en marche, à l'aide d'un levier. Le 25 avril, il quittait le sol. Le 29, il s'élevait, retombait et cassait. Blériot le remplaçait par un appareil du type Langley, à deux paires d'ailes en tandem. Chacune des ailes avant était munie d'un aileron mobile qui jouait le rôle de gouvernail de profondeur. Cet appareil, essayé à Issy-les-Moulineaux, couvrait 25 mètres, puis 150, à 12 mètres de hauteur, mais là encore il se brisait. Le 17 septembre, il montait à 20 mètres : après avoir parcouru 184 mètres, le moteur s'arrêtait, l'appareil cabrait et tombait comme une masse. Sans se laisser décourager, Blériot construisait un nouvel appareil à queue stabilisatrice à l'arrière, avec lequel il faisait des vols allant jusqu'à 500 mètres, le 6 décembre.

Le 18 décembre l'appareil se brisait.

Blériot ne se lasse pas : il construit de nouvelles machines, mais joue vraiment de malheur. Chacun de ses vols se termine par une chute. Il s'obstine, certain qu'il touche à la solution du problème qu'il va peut-être trouver au prochain vol. La plus grande difficulté à vaincre dans le monoplan est celle de la stabilité. Dans son type VIII *bis*, Blériot parvient à la résoudre en disposant à l'extrémité de chacune des ailes un aileron mobile. Si, pour une cause quelconque, l'appareil donne de la bande, l'aviateur opère une traction sur l'aileron de l'aile trop inclinée, l'aileron s'abaisse de quelques degrés au-dessous du plan sustentateur, créant une résistance supplémentaire, et l'oiseau artificiel se redresse aussitôt. Le 6 juillet 1908, l'inventeur exécute un vol de plusieurs kilomètres à 10 mètres d'altitude avec cet appareil.

Il allait enfin être récompensé de ses peines : le 12 juillet 1909, il réussissait le voyage Étampes-Orléans, soit 41 kilomètres 200 en 44 minutes 20 secondes. Le 18, à Douai, son radiateur ayant crevé en l'air, le pilote avait les pieds gravement brûlés. C'est dans cet état critique qu'il se rendait à Calais. Il marchait avec des béquilles. Le temps était mauvais. Mais il fallait faire vite pour être le premier à traverser la Manche et gagner le prix de 25.000 francs du *Daily Mail*. Le virtuose de l'époque, Hubert Latham, était en effet à Sangatte où il attendait le moment favorable pour tenter l'aventure. Le 19 juillet, il partait et tombait à la mer au bout de 10 kilomètres. Il était sauvé, de même qu'il devait l'être aussitôt après le triomphe de Blériot, cette fois à 500 mètres du but seulement.

Après quatre jours d'attente, Blériot avait décidé, le 25 juillet à 4 heures 41 du matin, de quitter le terrain des Baraques à bord de son monoplan. A 5 heures 13, il atterrit en haut de la falaise de Douvres, ayant couvert en 32 minutes les 38 kilomètres de la traversée de la Manche, page glorieuse dans l'histoire du plus lourd que l'air.

Fêté à Londres comme un souverain, reçu à Paris en grand conquérant, Louis Blériot recueillit en quelques jours, le fruit de dix années de recherches acharnées. Il va d'ailleurs nous rappeler les luttes qu'il dut livrer avant d'être le vainqueur :

« Vous m'avez demandé de vous raconter la genèse de mes expériences, depuis mon appareil n° 1 jusqu'à celui qui me permit d'aller des Baraques à Douvres, c'est-à-dire depuis 1899 jusqu'à 1909. Je m'exécute.

Je m'empresse d'avouer que ce n'est pas tout de suite que mes efforts ont été couronnés de succès, certes non ! Et je m'étonne encore maintenant de la patience qu'il m'a fallu déployer pour arriver peu à peu à faire triompher mes idées. Je me souviendrai toujours des petits regards goguenards et ironiques qui accueillaient mes professions de foi, des sourires qui soulignaient mes espérances. A cette époque, on ne pouvait pas croire qu'un plus lourd que l'air fût capable de s'enlever. Plus tard, des appareils prirent leur vol : les sourires continuèrent, les regards s'obstinèrent.

Jamais, prétendait-on, un monoplan ne pourra s'envoler. J'avais plus à lutter contre le pessimisme moqueur d'autrui que contre le mauvais vouloir de mes appareils. Et pourtant mes convictions restaient les mêmes. Rien ne pouvait les modifier. Le monoplan est, par sa construction même, par sa synthèse, l'appareil type. En cherchant à conquérir l'espace, les hommes se sont inspirés d'un modèle. Quel est-il ? L'oiseau. Or, il n'est pas d'oiseau qui soit biplan que je sache.

« Certes, les êtres ailés possèdent en plus l'instinct. L'inventeur doit donc chercher à corriger par des additions plus ou moins compliquées, par des manœuvres plus ou moins pratiques, les ruptures d'équilibre que l'oiseau corrige par le fait seul de l'instinct, quand il est en plein vol et par des mouvements simples que nous ne pouvons pas songer à imiter.

« L'équilibre est en effet, en aviation, le facteur essentiel. Et c'est de ce point de vue que sont nées l'idée du biplan et celle du triplan. On pensait que deux surfaces superposées offraient une résistance plus certaine qu'une seule surface, parce que le remous aérien qui frappe un appareil et menace de le faire chavirer, ne porte jamais que sur un point quelconque et que, par cela même, les autres points non atteints par ce remous sont plus aptes à en combattre l'action, s'ils sont placés dans une même direction d'équilibre.

« Seulement toute médaille a son revers. A cet avantage, je considérais que devaient correspondre des inconvénients dont les deux principaux étaient une difficulté plus grande dans l'équilibre longitudinal et une plus grande résistance à l'avancement : ce qu'on gagnait d'un côté, on le perdait donc de l'autre avec les intérêts...

« J'ai dit que le monoplan tendait à se rapprocher le plus possible de l'aéroplane idéal : l'oiseau. Mais j'ai ajouté qu'il lui manquait l'instinct. Si l'oiseau n'a besoin que d'un réflexe pour se rétablir, lorsque son équilibre est rompu, l'aviateur est obligé de chercher autre chose, car l'équilibre automatique est une chimère.

« Mes expériences m'amenèrent ainsi à chercher la solution qui se rapprocherait le plus de l'idéal. C'est vers l'organe de commande que je dirigeai tous mes efforts. Je résolus le problème de l'équilibre au moyen d'un autre plan, mû par une tige unique et en utilisant pour toutes les commandes de l'aéroplane les variations de distance que présentaient les différents points des deux plans, l'un par rapport à l'autre.

« De cette façon, l'aéroplane corrigeait lui-même son écart de stabilité autour du plan qu'avait en mains l'aviateur, quel que fût le sens de l'inclinaison formé par l'appareil, quels que fussent le nombre de gouvernails et leur position s'ils étaient judicieusement reliés au cercle de direction. Ils concouraient d'un seul coup et de la quantité voulue à l'équilibre automatique si nuisible. De plus, cette commande étant absolument instinctive, l'aviateur se trouvait à l'abri de toute erreur.

« Telles étaient les idées qui m'emplissaient le cerveau et que je m'efforçai de réaliser pendant les dix années qui précédèrent la première traversée de la Manche.

« Depuis longtemps déjà j'étudiais le problème de la locomotion aérienne, lorsque je me décidais à construire un appareil en 1899. C'était un ornithoptère à ailes battantes. Je croyais avoir réalisé le problème de l'homme-oiseau. Hélas ! il me fallut déchanter. J'abandonnai ce système. Je cherchai d'un autre côté : je fis une incursion dans le domaine du biplan.

« En 1901, je sortais un appareil du type Langley-Wright. J'eus beau le modifier, le perfectionner, le disposer de diverses façons, je n'enregistrai que des mécomptes et ne pus jamais lui donner la stabilité que j'espérais toujours et que je ne voyais jamais venir.

« C'est alors que je décidai de travailler avec Gabriel Voisin. Nos forces coalisées devaient, je l'espérais tout au moins, triompher des éléments. Je créai un planeur rectangulaire muni de flotteurs. Remorqué par un canot automobile, je fis avec lui des essais en Seine. Puis en 1906, ce fut un engin à cellule elliptique doublée, qui, malgré mes prévisions, ne put pas prendre son vol sur l'eau. Je l'expérimentai sur le lac d'Enghien. Les spectateurs me croyaient mûr pour une maison de fous !

« Je remplaçai par un biplan cellulaire la fameuse cellule, qui faisait tellement rire les connaisseurs, comme il y en a toujours là où on ne sait rien. Et mes appareils continuèrent à ne pas s'envoler.

« Peu après je quittai Voisin et nous reprîmes chacun nos études, lui vers le biplan, moi vers le monoplan auquel j'avais fait des infidélités qui ne m'avaient pas porté bonheur.

« Je me retire dans mon atelier de recherches aéronautiques et je cherche. Je cherche sans relâche. Je finis par obtenir un embryon de résultat avec mon cher « Canard ». En janvier 1907, je le monte en liberté : c'est un appareil avec un seul plan d'ailes incurvées. Mais les gouvernails étaient à l'avant, d'où un danger permanent, car il fallait les placer de telle sorte qu'ils ne donnassent jamais prise au vent. A part cette particularité, mon « Canard » ne différait pas énormément de mes appareils suivants.

« De chute en chute, au lieu de couler au fond de l'abîme, je m'élevais — sans plaisanterie — chaque jour un petit peu plus .

« Que ce fût avec mon monoplan à ailes en tandem avec une hélice à deux branches, ou bien avec mon monoplan muni d'une hélice à quatre branches, les vols étaient parfaits, relativement à l'époque, mais ils étaient suivis de casses : atterrissages merveilleux de régularité, mais manquant de charme. C'était en 1907. A chaque accident, seul l'appareil souffrait, je m'en tirais toujours indemne, Dieu merci !

« Mais plus je tombais, plus je sentais que j'approchais du but. J'étais tellement sûr de la sécurité du monoplan, que je persévérais avec ardeur.

« Ayant abandonné mon moteur de 24 chevaux pour le remplacer par un 60 chevaux, je parvenais à faire une envolée de 184 mètres. Mais quelle chute ! Tant pis, j'étais si heureux ! Je vous avouerai néanmoins qu'il ne restait rien de mon appareil.

« C'est alors que je sors mon n° VIII, muni de tous les appareils de contrôle et de commande que l'expérience m'a dictés, avec gouvernail à l'arrière. Maintenant je vole avec aisance, je vire, je file droit, je peux lutter contre le vent. Le 6 juillet 1908, je reste huit minutes dans les airs. Le triomphe commence. Les rieurs ne rient plus. Je suis oiseau : voyez mes ailes !

« Le 31 octobre 1909, je fais le premier voyage aller et retour : Toury-Artenay-Toury, atterrissage à Artenay, puis départ, arrêt à Sintilly et arrivée enfin à Toury. Les 14 kilomètres de l'aller sont parcourus en onze minutes.

« Pendant l'été 1909, j'expérimente mon n° X. Je réussis des vols avec un passager, et même deux. Et j'arrive à ma motocyclette de l'air, à mon brave petit n° XI qui me permet de réussir le voyage Chicheny-Croix-Briquet-Chevilly (41 km. 200) en quarante-quatre minutes.

« Enfin, c'est la traversée de la Manche : je partis des Baraques, m'envolai et atterris près de Douvres. C'est simple, voilà tout. »

CHAPITRE VII

Les voyages et les courses se multiplient.

Nous ne citerons que pour mémoire les vols de Charles Voisin, d'Esnault-Pelterie, de Léon Delagrange (qui à Milan, en juin 1908, emmena Mme Pelletier, première passagère en avion) et de son rival Henri Farman. De la période des tâtonnements en champ clos, peut-on dire, nous allons vite entrer dans l'ère des grandes randonnées de ville à ville.

Le 18 octobre 1909, le comte de Lambert crée une émotion mondiale en volant de Juvisy jusqu'à Paris où il double la Tour Eiffel et regagne Juvisy. Il a couvert 49 kilomètres en 49 minutes 39 secondes 4/5 : c'est incroyable !

Or, six mois plus tard nous allions enregistrer un magnifique voyage dont le prix, offert par le *Daily Mail*, était de 250.000 francs pour le premier pilote réussissant le parcours Londres-Manchester, soit 299 kilomètres en moins de vingt-quatre heures et sans plus de deux escales.

Le 27 avril 1910, Louis Paulhan, à 17 heures 31, quittait l'aérodrome londonien d'Hendon ; l'Anglais Graham White, dans le même dessein, s'élevait de Wormwood Scrubbs, à 18 heures 29. Un match héroïque allait se disputer entre les deux champions.

Le Français devait en sortir vainqueur : après un premier atterrissage à Lichfield (188 kilomètres) à 20 heures 10, il reprenait sa course le lendemain à 4 heures 9 pour atteindre finalement Manchester à 5 heures 32.

Graham White avait fait escale à Roade, à 19 heures 55 au bout de 96 kilomètres. Il en était reparti avant l'aurore, à 2 heures 50 et s'était arrêté à Polesworth, à 4 heures 5 (76 kil.). Il s'élevait à nouveau pour atterrir à Lichfield où il abandonnait définitivement, après avoir appris la victoire de son rival. Tous deux montaient des biplans Henry Farman.

« Ce fut le vol le plus émouvant de toute ma carrière, m'a déclaré Louis Paulhan. Ce prix avait donné lieu à une compétition ardente et le jour où je me décidai à le tenter, Graham White prenait les mêmes dispositions. Voulant à toute force m'assurer la suprématie dans cette lutte, je n'hésitai pas à m'envoler à la fin de l'après-midi, sachant très bien que le jour allait prendre fin bientôt, mais résolu à pousser mon vol jusqu'à la nuit. C'est ainsi que je terminai presque dans les ténèbres la première partie de mon voyage. La nuit se passa dans une attente fiévreuse, car je savais que Graham White, en apprenant mon départ, s'était élevé à son tour.

« A 4 heures du matin, alors que l'aube se dessinait à peine à l'horizon, j'étais déjà en position de vol, pensant être talonné par mon redoutable concurrent.

« Le départ fut impressionnant, vu l'exiguïté du champ. Malgré un vent violent soufflant par rafales, je continuai vers Manchester. Vous dire les transes par lesquelles je suis passé est presque impossible à décrire. Qu'il vous suffise de savoir que je fus constamment le jouet des éléments, vent, pluie, grêle et que c'est grâce à la complète connaissance de mon appareil que je dus ma victoire. »

A la suite d'un tel succès, le *Matin* n'hésita pas à proposer aux aviateurs une course qui semblait ne pas pouvoir être terminée. Songez donc qu'il s'agissait d'un parcours divisé en six étapes, représentant 850 kilomètres. Quelle prétention ! Il fallait voler du 6 au 16 août 1910, de Paris à Troyes, Nancy, Mézières, Douai, Amiens, Paris.

Les sceptiques eurent tort : six pilotes terminèrent la première étape et Alfred Leblanc, le vainqueur, battit de près d'un quart d'heure le rapide le plus vite allant de Paris à Troyes. Son temps était de 1 heure 33 minutes 19 secondes, contre 1 heure 47 pour le train. A la seconde étape il n'y avait plus que trois lauréats. Il n'en restait que deux pour les suivantes. Alfred Leblanc et Émile Aubrun qui, l'un et l'autre sur Blériot, se livraient un duel acharné dont Alfred Leblanc sortait victorieux, ayant couvert les 860 kilomètres en 12 heures 1 minute 1 seconde de vol, battant Émile Aubrun de 1 heure 29 minutes 14 secondes 4/5.

L'épreuve avait été très dure par moments :

« L'étape Mézières-Douai, m'avoua le regretté Alfred Leblanc, fut atroce. Jusque-là j'étais toujours parti vers la première heure. Mais en cette journée, le vent soufflait en tempête et la pluie menaçait. Je la redoutais par-dessus tout et je reculais mon départ dans l'attente du moment propice. Je voulais être à peu près certain d'arriver, ne tenant pas à compromettre par une imprudence mon classement dans le circuit.

« Vers 15 heures 30, le temps ne s'améliorant pas, je décide de tenter la chance. Je prends mon vol. Dès le départ, le vent emporte mes lunettes. Je suis pris par les rafales. Je suis charrié, bousculé, les yeux me font horriblement souffrir. La pluie m'aveugle, des tourbillons m'entraînent qui m'obligent à atterrir pour la première fois depuis le début de la course avant l'arrivée à l'étape. Trois quarts d'heure après, je repars. Le vent souffle encore plus violemment et, pendant les 80 kilomètres séparant Landrecies de Douai, j'ai la conviction que je ne pourrai jamais terminer l'épreuve. Par bonheur je réussis néanmoins. Dieu seul sait avec quel soulagement ! »

Après les étendues maritimes, après les circuits, nous allons enregistrer la lutte contre les montagnes.

Le 2 septembre 1910, Geo Chavez s'attaquait à la traversée des Alpes.

Il partait de Brigue à 13 heures 29 minutes 4 secondes, traversait le Simplon à 13 heures 48 minutes et arrivait à Domodossola à 14 heures 14. De violents remous, durant tout le parcours, avaient secoué l'appareil, véritable jouet projeté au milieu de ces périls mortels. A 2.500 mètres d'altitude, le hardi pilote franchissait les dernier pics et s'inclinait sur la droite. Il était à 1.500 mètres de haut lorsqu'il arriva en vue du point d'atterrissage. En vol plané, il se rapprocha du sol. Pour ralentir sa descente il effectua de légers cabrages. A 5 mètres de la terre, alors qu'il semblait avoir vaincu sans incident, il tombait brutalement. Son monoplan s'était écroulé ensevelissant le malheureux ; relevé avec une double fracture d'une jambe et une fracture compliquée de l'autre, Géo Chavez rendit le dernier soupir trois jours après en murmurant :

« C'est bon la vie, je ne veux pas mourir » !

Le 7 mars 1911, allait être gagné un prix qui semblait ne pas trouver de lauréat avant de longues années. Offert par MM. Michelin, il était de 100.000 francs et devait récompenser l'équipage qui, le premier, se rendrait de Paris au Puy-de-Dôme en moins de six heures.

Eugène Renaux et son passager Senouque s'envolèrent à 9 heures 12 minutes 54 secondes, faisaient escale à Nevers pour se ravitailler, repartaient au bout de 14 minutes et effectuaient l'atterrissage si dangereux à 14 heures 32 minutes 20 secondes. Ils avaient franchi les 360 kilomètres du parcours en 5 heures 10 minutes 46 secondes, avec une avance de près de 50 minutes sur le délai autorisé.

En haut, Paulhan, héros de Londres-Manchester (1910). — Aubrun, 2e et Leblanc 1er
du circuit de l'Est (1910). — Au milieu, Chavez part pour la traversée des Alpes (1910).
— Renaux (au centre) et Senouque (à gauche) héros de Paris-Puy-de-Dôme (1910). —
André Beaumont, grand vainqueur de 1911.

Les donateurs du prix avaient créé cette compétition le 7 mars 1903 — juste trois ans auparavant — et avaient donné jusqu'en 1919 pour la gagner.

En dehors de cet exploit et de nombreux autres, anodins aujourd'hui et qui constituèrent les débuts héroïques de l'aviation, l'année 1911 fut surtout intéressante par ses courses internationales.

La première fut disputée sur le parcours Paris-Madrid. Le départ fut attristé par une catastrophe : les chefs du gouvernement étaient imprudemment sur la piste. L'aviateur Train vint atterrir. Il put éviter un peloton de cuirassiers qui évoluait sur l'aérodrome, mais il piqua et son appareil heurta le sol avec violence. L'hélice qui tournait encore faucha ce qu'elle trouvait devant elle : M. Bertaux, ministre de la Guerre, fut mortellement atteint et M. Monis, président du Conseil, reçut des atteintes légères, ainsi que M. Deutsch de la Meurthe.

La course fut suspendue et la suite des départs remise au lendemain. Roland Garros avait déjà pris son vol et était arrivé à Angoulême, ainsi que Gibert après arrêt à Pont-Levoy. Jules Védrines partait d'Issy-les-Moulinaux, le lendemain, et atteignait Angoulême à son tour. C'étaient les trois seuls pilotes ayant pu finir la première étape.

La seconde menait d'Angoulême à Saint-Sébastien : Védrines la réussissait en 3 heures 41 minutes 57 secondes, Garros, retardé par une panne, perdait 2 heures 36 minutes sur son rival, Gibert était loin derrière eux.

Dans la troisième étape, Saint-Sébastien-Madrid, Gibert brisait son avion, Garros éga'ement. Védrines, seul en course, avait une panne et ne pouvait continuer que le lendemain. Il arrivait alors à Madrid où il était acclamé avec enthousiasme par une foule immense. Lui seul avait terminé l'épreuve, ayant mis 20 heures 5 minutes 41 secondes de vol pour relier les deux capitales.

Paris-Rome devait nous faire assister à un match émouvant entre André Beaumont et Garros. André Beaumont fut le grand vainqueur de 1911 et disparut du palmarès par la suite, tandis que Roland Garros, éternel second de cette année-là, prenait le départ pour la gloire la plus pure, la plus noble qui fit de lui le pilote idéal à tous les points de vue.

Paris-Rome ne comportait pas d'étapes fixes : les concurrents, envolés le même jour, devaient se faire contrôler à certaines escales, mais pouvaient reprendre leur vol dès qu'ils le désiraient, afin d'arriver à Rome le plus tôt possible.

Le départ fut donné le dimanche 28 mai à Buc, et, à l'étonnement unanime, le vainqueur André Beaumont atteignit la Ville Éternelle le 31 mai, Garros le lendemain. Selon les prévisions, ils ne devaient pas s'y poser avant le 4 juin.

Pourtant tous les éléments s'étaient coalisés pour accumuler les obstacles le long du parcours : vent, pluie, tempête même. Beaumont eut des démêlés avec son moteur et surtout avec ses mécaniciens pendant toute une journée à Nice. Garros brisa deux avions et fut également retardé d'un jour.

Beaumont — de son vrai nom : enseigne de vaisseau Conneau — avait quitté la Marine pour trois ans et voulait se signaler à l'attention des foules. Pour y réussir, il lui fallait s'adjuger une place d'honneur dans la fameuse course, d'autant plus qu'il n'avait pas été favorisé par la chance dans Paris-Madrid.

Quelques instants après le départ de Buc, il s'arrête près de Melun, perd une heure et demie pour réparer son moteur. Mauvais signe ! Il repart, arrive à Dijon, puis à Lyon, enfin à Avignon, brûlant trois étapes dans sa journée. Garros réussit le même exploit. Le lendemain, par la pluie et le vent, tous deux s'élancent vers Nice. Ils se retrouvent à Brignoles, où ils déjeunent ensemble. Le temps est tel que Beaumont hésite.

— Partez-vous malgré le mistral ? demande-t-il à Garros.

— Pourquoi pas ? répond simplement celui-ci.

Ils reprennent leur vol. Le vent les freine dans l'espace. « La queue de l'appareil dérapait dans les nues, » expliquera plus tard Beaumont. Escale à Fréjus : c'en est trop, les héros sont à bout de forces. Mais d'autres les suivent, peuvent les rejoindre. Qu'importe le danger ! Et, le soir, au crépuscule, Beaumont d'abord, puis, à la lueur des vers luisants, Garros, se posent sur l'aérodrome de Nice.

Garros va prendre la tête par suite des ennuis de Beaumont avec son moteur. Un autre pilote, Frey, surgit, il va devancer également celui qui jusqu'alors était premier. Mais Garros et Frey vont être immobilisés à leur tour, tandis que Beaumont procède au montage d'un nouveau moteur.

Les trois concurrents sont échelonnés sur 150 kilomètres. Qui gagnera ? Il est impossible de se figurer l'émotion qui étreignait tous les cœurs et l'intérêt grandissant que les plus indifférents prenaient à l'épreuve.

Beaumont parvenait à Gênes, puis à Pise, enfin à Rome. Frey avait brisé son appareil près de Pise. Garros également et avait dû en attendre un neuf, pas encore au point, qui l'obligeait à deux atterrissages.

André Beaumont mit 82 heures 5 minutes pour aller de Paris à Rome, Garros 106 heures 16 minutes, Frey 156 heures 52 minutes et Vidart 195 heures 8. Sur 12 partants, 8 avaient abandonné.

C'est ensuite le Circuit Européen, passant par Paris-Liège-Spa-Liège-Utrecht-Bruxelles-Roubaix-Calais-Londres-Calais-Paris. Cette fois, sur 68 engagés, 41 prenaient le départ et 9 effectuaient le parcours en entier.

Jules Védrines remportait la victoire dans cinq étapes, mais deux accidents de moteur lui faisaient perdre de nombreuses heures et il devait se contenter de la quatrième place derrière Beaumont, premier en 58 heures 38 minutes 4/5, Roland Garros deuxième en 62 heures 17 minutes 2/5, René Vidart troisième en 73 heures 32 minutes 57 secondes, etc...

Védrines allait encore connaître les atteintes du mauvais sort dans le Circuit des 1.000 milles autour de l'Angleterre, épreuve dont le premier prix était de 250.000 francs. André Beaumont, au contraire, devait remporter sa troisième victoire de la saison. Là, il était interdit de changer d'avion et de moteur. Aussi, bientôt ne restait-il en présence que les deux Français, suivis, à distance plus que respectueuse, par l'Anglais Cody.

Védrines prenait de l'avance dès le début, mais Beaumont regagnait par la suite. D'autant plus qu'un incident de route devait faire perdre un temps précieux au héros populaire : à Harrogate, il se trompait d'aérodrome, se posait à moins d'un kilomètre de l'endroit exigé. Il reprenait son vol et allait au bon emplacement, mais y arrivait après 10 heures du soir, le contrôle étant fermé. Le règlement était formel : l'heure officielle de l'arrivée fut celle de la réouverture du contrôle. A ce moment le total de Beaumont était de 17 heures 47 minutes 32 secondes, contre 19 heures 2 minutes 4 secondes à Védrines. Le duel était acharné, mais, malgré sa plus grande vitesse, Védrines ne pouvait pas combler le retard et succombait de 70 minutes.

Du lundi au mercredi, les 1.603 kilomètres du parcours avaient été couverts, en 22 heures 28 minutes 18 secondes par André Beaumont, en 23 heures 38 minutes 5 secondes par Jules Védrines. La course des deux Français enthousiasma tous les Anglais qui ne pouvaient pas croire à la possibilité d'une telle performance.

En 1912, nous trouverons encore une course importante : le Grand Prix de l'Aéro-Club, disputé sur le Circuit d'Angers. Cette fois, Roland

Garros passe premier, la seule place digne de lui. Sa victoire fut d'autant plus belle qu'il l'obtint par un temps exécrable et que tous ses camarades, devant les intempéries, s'étaient refusé à prendre le départ. A l'heure précise, il s'envola et fit preuve d'une admirable énergie, tournant dans la pluie, la tempête, la brume, l'orage. Seul classé sur 32 concurrents, il couvrit les 1.101 kilomètres 878 du parcours en 15 heures 40 minutes 57 secondes.

En haut, Garros, dans Paris-Rome (1911), et à son arrivée dans la traversée de la Méditerranée (1913). — Au milieu, Védrines dans Paris-Madrid et gagnant la coupe
Gordon-Benett. — En bas, Brindejonc des Moulinais, décoré de la Légion d'Honneur
avant son service militaire, et Eugène Gilbert.

CHAPITRE VIII

Héros d'avant-guerre.

Nous n'avons pas la place de faire revivre dans cet ouvrage tous les héros de l'aviation. Si nous tentions ce travail nous serions contraint de nous borner à une énumération. Nous préférons réserver une place importante à ceux qui, peut-on dire, sont les phares de cette armée de vaillants.

A ce point de vue, pour la période d'avant-guerre nous insisterons spécialement sur Roland Garros, Jules Védrines, Eugène Gilbert, Brindejonc des Moulinais, Pégoud et Marc Pourpe.

Roland Garros, c'était l'oiseau fait homme. L'air était son élément. Il était le plus admirable virtuose produit par l'aviation. Il donnait le frisson, arrêtait la respiration de ceux qui le regardaient, stupéfaits et émus. Mais il n'était pas qu'un grand artiste, il était également le génie le plus complet sur les besoins, les possibilités de l'aviation. Il a tout prévu, il a tout compris, il a tout expliqué. On aurait gagné à l'écouter plus souvent et à le placer, pendant la guerre, à un poste où, au lieu d'être un incroyable combattant — ce qui lui valut la captivité et la mort — il aurait pu donner des directives grâce à son cerveau extraordinaire.

Il était né à l'île de La Réunion, le 6 octobre 1888. A l'âge de douze ans, il vint faire ses études en France. En 1906, il gagne le championnat de France cycliste scolaire. Il fait du football, du tennis, Il passe son baccalauréat, est diplômé de l'école des Hautes Études Commerciales, reçu bachelier en droit, lorsqu'une puissance invincible le pousse vers l'aviation qui en est à ses débuts.

Pendant deux ans, il cherche en vain le moyen de devenir pilote. Il porte ses efforts sur un commerce d'automobiles qu'il a pris, afin de réaliser quelques économies lui permettant d'acquérir une « Demoiselle » Santos-Dumont, engin moins coûteux que les autres.

Il parvient enfin à obtenir cet appareil et commence à voler sur les conseils d'Edmond Audemars, autre héros d'avant-guerre, le premier ayant relié Paris à Berlin par la voie aérienne.

À cette époque les écoles n'existaient pas. L'intuition remplaçait les leçons. Garros parvenait bientôt à ne faire qu'un avec sa machine et sa maestria attirait sur lui l'attention de l'Américain John Moisant, le premier qui vola de Paris à Londres avec un passager.

Moisant voulait organiser une tournée aérienne aux États-Unis, à la façon des exhibitions des cirques Barnum et Bostock. Il engagea Garros, Audemars, René Simon et René Barrier. Dans ce véritable métier d'enfant de la balle, où l'on vivait en roulotte, voyageant la nuit pour donner les représentations le jour, Garros continua à se perfectionner. Il était surnommé « l'homme qui défie la mort », ce qui impressionnait fort la foule, qu'on attirait en entourant les affiches de crânes et d'os entrecroisés. Il faut reconnaître que le public venait moins pour voir voler qu'avec l'espoir d'assister à un accident mortel.

Garros revint en France afin de prendre part aux grandes épreuves de 1911. Il n'avait jamais volé jusqu'alors à plus de quelques kilomètres d'un aérodrome. Il ignorait les voyages à travers la campagne. Avec une belle crânerie, il s'engagea dans Paris-Madrid, Paris-Rome et le Circuit Européen. Nous avons dit les belles courses qu'il fit, mais il était toujours second : d'abord derrière Védrines, ensuite derrière Beaumont. La malchance, la maladie le poursuivaient.

La saison des courses terminée, Garros ne prend pas de repos. Il s'attaque au record du monde de l'altitude qu'il élève à 3.910 mètres (4 septembre 1911). Il se rend en Amérique du Sud où il accomplit prodiges sur prodiges. Il revient pour courir le Grand Prix d'Anjou. Il remporte l'éclatante victoire que nous avons notée. Il se lance à nouveau à l'assaut du record de hauteur. Il arrive à 4.900 mètres (6 septembre 1912). Ce qui ajoute encore à la beauté de cet exploit stupéfiant à l'époque, ce sont les conditions dans lesquelles Garros opéra : le vent était tel que l'avion, dont la vitesse était de 115 kilomètres à l'heure, se trouva à un moment reculé de 20 kilomètres en arrière. Pour comble, alors que le héros espérait atteindre les 5.000 mètres, un fracas épouvantable retentit, donnant l'impression que le monoplan était réduit en miettes : une bielle du moteur s'était brisée. Vite, il faut redescendre. Garros tout en planant, détache sa ceinture pour être prêt à sauter de son siège, si le brouillard le fait arriver sur un toit ou un arbre. Heureusement, à 200 mètres du sol, une éclaircie permet de choisir un endroit où se poser. Certes ce n'est pas un aérodrome : le lieu est exigu, mais Garros s'arrêterait sur des œufs sans les casser », selon l'affirmation de ses camarades. Et aucun accident ne vient ternir la nouvelle prouesse.

Quelques jours après — le 17 septembre 1912 — le regretté Legagneux battait ce record et dépassait les 5 kilomètres en hauteur, totalisant 5.450 mètres. Qui de ces deux intrépides allait triompher dans la belle du match ? Ce fut Garros qui, le 11 décembre 1912, à Tunis, monta à 5.610 mètres. Ajoutons que le 28 décembre 1913, Legagneux portait ce record à 6.120 mètres.

En quinze mois, du 4 septembre 1911 au 11 décembre 1912, Garros avait donc fait passer le record du monde de l'altitude de 3.910 à 5.610 mètres. Après cet exploit, le grand champion tint à ajouter un nouveau titre de gloire à sa réputation en battant le record du monde du vol maritime. Il fut le premier à joindre par ses ailes deux parties du monde : il se rendit le 18 décembre, de Tunis à Trapani, en Sicile, faisant ainsi un voyage de 235 kilomètres au-dessus de la Méditerranée. Le 21 il se rendait à Saint-Eufemia (461 kilomètres) et, le lendemain, à Rome (500 kilomètres) couvrant ainsi, aussitôt après son magnifique vol d'altitude, un trajet de 1.200 kilomètres, dont 600 au-dessus de la mer, de Tunis à Rome.

Il devait faire mieux encore. Après une année de meetings où il avait fait admirer dans l'Europe entière la gamme invraisemblable de ses virtuosités, il entreprenait la plus admirable prouesse qu'on pouvait imaginer à cette époque : la traversée de la Méditerranée.

D'une arche immense il reliait la France au continent africain, le 23 septembre 1913. Le rêve caressé par le lieutenant Bague, qui y perdit la vie en 1911, était réalisé. Malgré les prodigieuses étapes franchies en quelques mois par l'aviation, ce projet semblait encore bien loin de nous. Celui qui oserait le tenter paraissait destiné à subir un effroyable destin ! C'est pourquoi l'angoisse fut grande, lorsque Garros annonça son intention à ses intimes. Ceux-ci — dont j'étais — s'efforcèrent de l'en dissuader, mais lui, toujours calme, préparait méthodiquement son voyage, ne laissant rien au hasard.

Quand il s'envola de Saint-Raphaël, il était sûr de la réussite. Son voyage aurait pu cependant mal finir : lorsque Garros se posa sur le sol, à Bizerte, ayant couvert en moins de 8 heures les 760 kilomètres que les plus rapides paquebots parcouraient en 31 heures, il ne lui restait plus que 5 litres d'essence : c'est dire que la moindre erreur de direction l'écartant de sa ligne et prolongeant son vol lui eût été funeste !

Ce n'est pas tout ! En avril 1914, Garros va procurer de nouveaux sujets d'admiration. Dans le rallye aérien de Monaco, les concurrents avaient le droit d'exécuter plusieurs itinéraires successifs et le règlement exigeait un parcours en avion et un trajet — de Marseille à Monte-Carlo — en hydravion. Les deux premiers prix revinrent à Garros qui faillit même s'attribuer un troisième laurier : dans un nouveau voyage, fait au lendemain même de son second parcours, — ce qui donne une idée de l'endurance du pilote qui se reposait en chemin de fer, — une panne l'arrêta à Orange. Il avait accompli Monaco-Buc, (premier prix) en 12 heures 11 minutes 21 secondes et Bruxelles-Monaco (deuxième prix) en 15 minutes 52 secondes de plus.

Garros donnait de nombreuses exhibitions en Europe et c'était la guerre.

Revenant du meeting de Vienne et étant passé par Berlin, il rentrait à Paris la veille de la mobilisation pour s'engager.

Il effectuait son premier vol au front, le 16 août 1914, à l'escadrille M. S. 23. Chargé de faire des reconnaissances, de lancer des bombe[s] et des projectiles, il songea aux possibilités de la chasse, mais il fallait créer un dispositif pour le combat en monoplace. C'est ainsi que ce génial héros inventa le tir à travers l'hélice. La solution était difficile à trouver : il fixa sur chaque pale en face du canon un coin en acier assez dur pour être impénétrable à la balle. Quand une de celles-ci touchait ce coin, elle était déviée. C'était une balle perdue, sans plus. L'idée était originale, mais demanda de longues études pour la mise au point. C'est fin mars 1915 que Garros put l'expérimenter au front.

Le 1er avril 1915, il abattait un avion en flammes dans nos lignes, ce qui lui valait les honneurs du communiqué. Les deux aviateurs qui montaient le biplace vaincu étaient tués.

Le 8 avril, un appareil attaqué par Garros tombait désemparé. Deux autres semblaient s'écraser au sol. Le 16, nouvelle victoire. Le 19, quatrième et dernier succès près de Langenmarck.

Le même jour, celui que nous aurions dû conserver en lui donnant un poste où il aurait pu se rendre encore plus utile, était fait prisonnier à Ingelmunster, non loin Courtrai, au moment où il venait de bombarder un train.

Près de trois ans plus tard, le 14 février 1918, déguisé en officier allemand, avec Anselme Marchal, le seul pilote allié ayant survolé Berlin pendant la guerre, Garros s'évadait du « Cavalier Scharnhorst », camp de représailles où les deux camarades étaient captifs. Ils parvenaient à gagner la Hollande et venaient se remettre à la disposition du Grand Quartier Général.

Promu officier de la Légion d'honneur, le lieutenant Garros retournait au front. Il reprenait son entraînement avec les jeunes pilotes, s'habituait aux nouveaux appareils, aux nouvelles méthodes. A peine en escadrille, il remportait une victoire, mais bientôt, le 7 octobre 1918, le lendemain de l'anniversaire de ses trente ans, il était tué au cours d'un combat contre trois avions ennemis.

Ainsi disparut le grand aviateur d'avant-guerre dont « le nom est un symbole de bravoure et de modestie », selon les termes mêmes du motif de sa rosette de la Légion d'honneur.

Roland Garros était l'aviateur élégant et mondain et Jules Védrines le gavroche incorrigible. Celui-là était distant, ne frayant pas avec la foule, celui-ci était bon enfant, même lorsqu'il donnait libre cours à sa colère par des expressions bien catégoriques et, je dois dire, historiques. Les réparties de Védrines étaient toujours amusantes, imagées. De même que Garros, ce héros était un apôtre. Il avait des idées saines et nettes sur l'avion et son avenir. Le premier était le technicien genre Collège de France, Védrines était l'orateur de réunions publiques. Chacun avait sa manière, mais tous deux luttaient avec la même foi pour la religion dont ils devaient être les martyrs.

Garros s'était consacré à la cause de l'altitude, afin de prouver l'importance de l'excédent de puissance, question vitale pour l'aviation. Védrines s'était fait l'avocat de la vitesse qui lui semblait indispensable et faillit lui coûter la vie, en mai 1912. Il m'avait donné des notes pour faire des chroniques en son nom. Le 23 janvier 1912, de Pau, il m'envoyait à ce sujet les précisions suivantes :

« Je te confirme l'entretien que j'ai eu avec toi ces jours derniers. Je pense que mon article sur la vitesse sera soigné. Cependant comme certains murmures voguent dans les environs, permets-moi d'insister sur le mot « imprudent » que seuls la jalousie et l'incompétence me décernent.

« Si par malheur, en effet, je venais à me tuer ou me blesser dans mon essai du 140 chevaux, tous ces critiques, dont la part est facile en ce moment, ne manqueraient pas de bluffer davantage. Mais si je réussis, si je parviens à faire 180 à l'heure, si partant de Pau à 8 heures du matin, je vais prendre l'apéritif à Calais l'aviation aura fait un pas formidable et tous ces critiques seront les premiers à se servir des résultats.

« Sans leur demander de louer mon courage et tout ce que tu voudras, je crois que ces snobs de l'aviation feraient bien d'essayer de comprendre où est le vrai progrès, ou bien si ma manière d'aller de l'avant les gêne, parce qu'ils ont peur, je ne puis que les engager à se taire. En effet, ce que je ne réussirai pas maintenant, s'il m'arrive malheur, sera certainement réalisé cette année et leur confusion n'en sera que plus grande.

« Aie donc, mon cher Mortane, un mot spécial pour annoncer le nouveau record que je dois tenter, afin que l'on voie en moi non pas l'imprudent qui se grise pour la galerie, mais l'aviateur convaincu qu'il est dans la voie du progrès et qui ne veut pas que des littérateurs plus froussards qu'aviateurs tiennent dans l'erreur le grand public qui veut savoir.

« Efface surtout dans l'article tout ce qui pourrait sentir le « je » ou le « moi ».

Cette missive montre Védrines tel qu'il était, batailleur, courageux, simple et prévoyant.

Ce grand champion était né à Saint-Denis, le 21 décembre 1881. Ouvrier, il fut metteur au point aux usines Gnome, puis devint le mécanicien du pilote acteur anglais Robert Lorraine, avant d'être lui-même aviateur.

Il passa son brevet le 5 décembre 1910 et débuta le 27 janvier 1911, par un raid de 250 kilomètres, sur le parcours Juvisy, Melun, Chartres, Versailles, Juvisy. Il gagna la première prime de la coupe Pommery (distance en ligne droite) en volant de Paris à Poitiers (293 kilomètres), le 28 mars 1911. Il faisait le voyage en sens inverse en 2 heures 14. Il s'attribuait la seconde prime semestrielle de la même coupe par le raid Paris-Angoulême (394 kilomètres) au cours de Paris-Madrid.

C'est cette épreuve qui mit en valeur le grand conquérant des nues. Ainsi que nous l'avons dit, il remporta la victoire, étant seul à terminer le parcours. Dans le Circuit Européen il gagnait presque toutes les étapes, mais deux accidents de moteur lui faisaient perdre des heures précieuses et il terminait quatrième. Nous avons rappelé son duel prodigieux contre André Beaumont dans le tour d'Angleterre où il ne put se classer que second, ayant encore été victime de la malchance quoique pilotant un avion plus rapide que celui du vainqueur.

Védrines rentrait ensuite de Londres à Paris par la voie des airs et, avec le même appareil, s'adjugeait pour quelques semaines la coupe Michelin avec 811 kilomètres dans la même journée. Il s'arrêtait terrassé par la chaleur (9 août 1911).

Il poursuit son idée de la vitesse. Il veut avoir l'appareil le plus rapide possible. Il en confie la réalisation à M. Béchereau, ingénieur de la marque Deperdussin. Sur cet engin, il bat à plusieurs reprises des records, atteignant successivement 145, 160 et 174 kilomètres dans l'heure.

Il entreprend le voyage Bruxelles-Madrid à 200 à l'heure, en mai 1912, mais en arrivant près d'Épinay, une panne le fait s'écrouler sur la voie ferrée, après qu'il eût heurté un train arrivant à toute allure. On le croyait mortellement atteint : « Plaie contuse du cuir chevelu, phénomène de commotion cérébrale... état grave. Pronostic réservé ». Vingt-cinq jours après, Védrines, décoré de la Légion d'Honneur, reprenait son entrainement sur un appareil plus rapide et allait à Chicago gagner la Coupe Gordon-Benett de vitesse à l'allure de 167 kilomètres 800 sur les 200 kilomètres de parcours.

L'année suivante il se rend au Caire, en avion. Un peu partout, son caractère franc, mais mauvais, lui attirait quelques incidents.

A la guerre, il part sur un avion qu'il a baptisé « la Vache ». Engagé volontaire il connait mal l'esprit militaire. Du front, il est envoyé à Dijon comme « indiscipliné et incompétent » ! Le capitaine Brocard, qui sait manier les hommes, le prend lorsqu'il crée l'escadrille 3, qui deviendra celle des Cigognes. Védrines forme Guynemer ce qui est déjà un titre de gloire, mais il travaille aussi avec un héroïsme et un stoïcisme admirables : il devient l'as des missions spéciales. Il va déposer sept agents de renseignements ou d'exécution dans les lignes ennemies et va en rechercher trois. Il prépare le bombardement de Berlin. Au moment où il va partir, le Grand Quartier Général lui retire l'autorisation déjà donnée !

Les exploits de Védrines lui valurent la militarisation de sa Légion d'Honneur et la médaille Militaire.

Après l'armistice, il prépare de grands voyages. Comme intermède il va se poser, le 19 janvier 1919, sur le toit des Galeries Lafayette, et avant d'entreprendre le tour du monde, il tente Paris-Rome aller et retour qu'il veut réussir en moins de deux jours. Il emploie un bimoteur, il part le 21 avril 1919, avec le mécanicien Guillain, lorsqu'en survolant Saint-Rambert d'Albon, l'appareil s'écrase au sol en ensevelissant l'équipage tué sur le coup.

Tel fut Jules Védrines. Fils de ses œuvres, il était fier de ses origines de « petit gas des faubourgs ». Il n'avait qu'une ambition : citer son exemple aux jeunes pour les convertir au plus lourd que l'air. C'est lui qui m'écrivait en 1911 :

« Plus on prouvera au public que l'aviation n'est pas un sport dangereux et difficile, plus aisément on attirera à ce merveilleux sport la foule des pratiquants qui lui manque à l'heure actuelle où les touristes sont rares. N'importe qui peut devenir un champion de l'air. Il suffit de savoir se conduire et de connaître son moteur, et on peut aller de Paris à Madrid après deux ou trois sorties. Quant à la difficulté de la lecture de la carte, c'est une plaisanterie. Est-ce en gagnant 50 centimes de l'heure, sur un tour derrière un verre dépoli, toute la journée, pendant deux ans, avenue des Gobelins, que j'ai appris à lire la carte ? Non, n'est-ce pas ? Alors ce n'est pas sorcier et je désire par-dessus tout que les jeunes, s'en rendant compte, viennent grossir au plus vite les rangs encore trop clairsemés des matelots de l'air ».

Ces lignes, écrites en 1911, ne sont-elles pas, encore aujourd'hui, profondément exactes ?

Eugène Gilbert était né à Riom. Il aimait passionnément le sport : courses cyclistes, football, athlétisme, tous les exercices l'attiraient. A quinze ans, il commandait l'équipe scolaire d'association de Brioude. L'année suivante, il quittait le collège pour entrer comme metteur au point dans un grand garage de Clermont-Ferrand. En 1909, il tentait de construire un monoplan, mais trouvait bientôt plus simple d'entrer à l'école d'Étampes, au mois d'août 1910. A la huitième leçon, il obtenait son brevet de pilote, le 24 septembre : il avait alors vingt-et-un ans.

Il allait au régiment en octobre et, au printemps suivant, était affecté à l'aviation. Il faisait une chute grave en service commandé et se trouvait immobilisé de ce fait pendant cinq mois. En mars 1912, il réussissait un des premiers voyages de ville à ville au-dessus des montagnes : Clermont-Ferrand-Brioude et retour.

Rendu à la vie civile, après avoir réussi le tour de France, par étapes sur monoplan Sommer, il adopte le monoplan Morane-Saulnier et termine l'année 1912 en battant tous les records de vitesse de 350 à 600 kilomètres.

Il s'attaquera ensuite, sur biplan Henri Farman, aux records d'altitude avec passagers, puis reprend la série de ses voyages en monoplan de Paris à Lyon, Ambérieu, Lyon ; il monte à 4.300 mètres en 45 minutes, établit de Lyon à Paris son premier record sans escale (410 kilomètres en 3 heures 10) et s'engage dans la coupe Pommery.

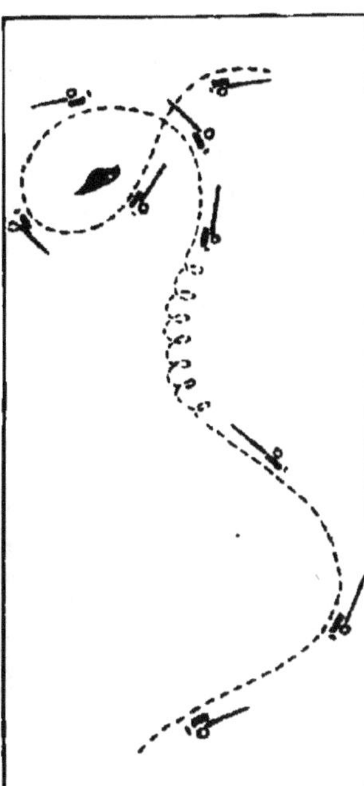

En haut, Pégoud, l'aviateur ayant, le premier, réalisé volontairement le looping-the-loop. — Schéma de ce looping historique, dessiné par Alfred Leblanc (1913). — En bas, le précurseur de l'aviation coloniale Marc Pourpe, héros du raid Le Caire-Kartoum et retour, est reçu en grande pompe lors d'un vol au Cambodge.

Le 24 avril 1913, il quitte Paris à l'aube. L'après-midi, on apprend avec stupeur, qu'après avoir traversé toute la France d'une traite, il a atterri au bout de 8 heures 20 à Vittoria dans les provinces basques d'Espagne, à 850 kilomètres du départ. Il doit attendre de longues heures l'essence nécessaire pour repartir et lorsqu'il reprend son vol, il ne peut dépasser avant le coucher du soleil — clause du règlement — Medina del Campo, à 1.020 kilomètres de Paris. Ce fut le premier voyage aérien de plus de mille kilomètres réussi dans la même journée. Pour la Coupe Pommery de 1913, il s'attaque à la performance de son ami Brindejonc des Moulinais qui, dans la tempête, avait couvert 1.340 kilomètres de Paris à Varsovie. Gilbert part le 2 août de Villacoublay avec l'espoir d'atteindre Cadix. L'orage survient au-dessus des montagnes de Castille et l'oblige à s'arrêter à Cacérès, à la frontière portugaise, au bout de 1.300 kilomètres.

Au dernier jour du concours, le 31 octobre, il tenta l'un des exploits les plus audacieux qu'ait connu jusqu'alors l'aviation. Un article du règlement de la coupe Pommery stipulait qu'au cas où un pilote couvrirait en ligne droite 1.000 kilomètres en moins de 5 heures, il remporterait la victoire.

Gilbert, sur un Deperdussin de piste, à ailes courtes, auquel il fallait près d'un kilomètre de plaine pour atterrir, n'hésita pas à tenter l'aventure, avec l'effroyable risque d'une panne inévitablement mortelle sur un pareil engin. Il couvrit de Paris à Putnitz (Poméranie) 1.200 kilomètres en 5 heures 23, mais il avait dû faire un crochet à la Baltique, ce qui réduisit la distance en ligne droite.

Au meeting de Reims de 1913, pour ses débuts en course sur aérodrome, il était troisième dans la Coupe Gordon-Bennett à une moyenne de 195 kilomètres à l'heure et remportait les trois concours d'altitude en monoplace, en biplace et en triplace. Quelques jours après, il s'attaquait à la coupe Deustch de la Meurthe, sur un circuit de 200 kilomètres autour de Paris. qu'il bouclait à 170 kilomètres à l'heure de moyenne.

En 1914, il gagnait la coupe Michelin, en réalisant le prodigieux exploit d'effectuer le Tour de France soit plus de 3.000 kilomètres, à travers la brume et la pluie, en 39 heures 35, escales comprises.

Ce palmarès prouve la valeur de ce remarquable pilote, dont l'éclectisme faisait l'admiration de tous ses camarades. Il devait, comme les vrais champions, continuer à nous émerveiller à la guerre.

Il partit dès la mobilisation à l'escadrille M. S. 23, celle de Garros, Marc Pourpe, Pinsard, etc...

Le 2 novembre 1914, Gilbert prenait en chasse au-dessus des lignes ennemies un avion qui attaquait le capitaine Morris. Trois balles étaient tirées au mousqueton. L'adversaire semblait s'écraser dans un champ. Le 17 décembre, avec le mécanicien Bayle, l'as abattait un appareil. Le 10 janvier 1915, avec le lieutenant de Puechredon, en quatre balles, il descendait un aviatik dans nos lignes : le capitaine von Falkenstein, obtervateur, était tué, le pilote Keller était blessé à l'épaule droite, le moteur était endommagé. L'avion était capturé à Villers-Bocage.

Gilbert change d'escadrille et est envoyé à Belfort. Le 23 mai, il lutte à coups de carabine avec un aviatik qui crible son avion de 26 balles, brisant un longeron, perçant le gouvernail.

Bientôt, Gilbert obtient un appareil muni de tous les perfectionnements. Il l'appelle le « Vengeur » en souvenir de la capture de Roland Garros et de la mort de Marc Pourpe.

Le 17 juin, il tient parole : il attaque un ennemi à 3.200 mètres de hauteur, le survole, tire trois bandes. A la troisième, il voit le pilote allemand lever les bras en l'air et l'appareil tomber comme une pierre dans nos lignes. La victoire n'a pas été obtenue sans mal : l'avion de Gilbert a été sérieusement atteint, l'hélice perforée, un cylindre traversé, la tôle arrière du moteur criblée d'éclats, la toile des ailes déchiquetée par des balles explosives.

Dix jours après, le 27 juin 1915, le héros est envoyé à Friedrichshafen pour jeter 8 obus de 90 sur les hangars de Zeppelins. La bizarre conception qui nous avait déjà fait perdre Garros, fut cause de la captivité de Gilbert.

Telle était l'organisation de cette époque qui faisait employer pour des attaques illusoires des chasseurs éprouvés.

Au retour de l'expédition, une panne banale (robinet de pression dévissé et perdu) obligeait Gilbert à atterrir en Suisse, à Rheinfelden. Le 22 août, il s'évadait et rentrait à Paris, mais les autorités fédérale affirmaient que la lettre où le prisonnier reprenait sa parole de ne pas fuir était arrivée trop tard. Dans un geste chevaleresque nous rendimes, le 28 août, le sous-lieutenant Gilbert à ses geôliers.

Nouvelle tentative le 5 février 1916. Le fugitif est repris à la frontière. Troisième essai enfin, le 25 mai 1916, couronné de succès cette fois. Jusqu'au 1er juin, Gilbert restait caché en Suisse, en attendant que la surveillance se relâchât.

Une otite très grave dont il souffrait depuis 1911, lui fit interdire par les médecins les vols à haute altitude. Il tint cependant à servir et réceptionna des appareils. C'est dans cette tâche ingrate, trop ignorée et si périlleuse, qu'il trouva la mort le 17 mai 1918 : dans un vol piqué, le stabilisateur se brisa et le grand as vint s'écraser au sol, finissant par un accident d'aérodrome, une existence de gloire au cours de laquelle il avait si souvent frôlé la mort.

* *
*

A l'âge de vingt ans, Brindejonc des Moulinais, avait reçu la Légion d'Honneur et les plus hautes récompenses de Russie, de Danemark et de Suède. Quand il partit au service militaire, il était le seul soldat de France portant le ruban rouge sur sa tunique. Ces décorations lui avaient été décernées à la suite d'un raid européen magnifique, incroyable à cette époque.

C'est au circuit d'Anjou, dont nous avons parlé et où triompha Roland Garros, en 1912, que Brindejonc des Moulinais, âgé de dix-neuf ans, commença de se révéler. La brume, la pluie, le vent avaient incité constructeurs et concurrents à déclarer forfait. Seul, Garros avait dédaigné les caprices de l'atmosphère. Mais un adolescent trépignait de rage, pleurait dans son hangar, suppliait ses constructeurs Léon Morane et R. Saulnier de le laisser partir : c'était Brindejonc des Moulinais, qui voulait s'élancer à la poursuite de son héroïque rival. Vers midi, il obtint enfin l'autorisation, mais il avait trois heures de retard. Il montait un Morane-Saulnier 70 chevaux, alors que Garros pilotait un Blériot 50 chevaux.

Brindejonc allait essayer de rattraper le temps perdu. Les deux nobles figures de l'aviation se livrèrent une lutte profondément émouvante. Toute la journée, on assista à la réédition de la fable *Le lièvre et la tortue*. A 18 heures 30, le contrôle devait être fermé. Garros avait fini ses tours. Sans cesse son adversaire plus rapide avait regagné sur lui. Il faut dire également que les plus mauvaises heures avaient été celles de la matinée.

Au moment où le coup de pistolet signifiant la fermeture du contrôle venait de retentir, un petit point noir apparaissait dans le lointain : c'était Brindejonc qui perdait le droit au classement par un retard de sept minutes seulement. Cet échec triomphal mit en lumière ce « gosse » de dix-neuf ans, bâti en athlète, qui parlait peu, réfléchissait beaucoup et espérait davantage.

En 1913, il va devenir l'aviateur des capitales : le 25 février, il vole de Villacoublay à Londres, avec escale à Calais. Le lendemain, il se rend de Londres à Calais ; le 28, il fait le voyage Calais-Bruxelles-Paris. Le 24 mars, il part pour Madrid, où, après plusieurs étapes nécessitées par le mauvais temps, il arrive le 1er avril. Il reprend son essor le 5, et rentre à Paris le 16, terminant son raid de 3.000 kilomètres.

Le 10 juin, concourant pour la coupe Pommery, il quitte Paris sur son Morane-Saulnier à 3 heures 55 et arrive à Varsovie à 17 heures 15, ayant parcouru 1.450 kilomètres dans la tempête avec deux escales seulement, dont une à Berlin. Il va continuer à totaliser les capitales les jours suivants : il atteint Saint-Pétersbourg, traverse les 250 kilomètres de la Baltique pour aller à Stockolm, se rend ensuite à Copenhague et à La Haye, et, le 2 juillet, rentre à Paris. Il avait parcouru 5.000 kilomètres en vingt-deux jours et n'avait fait que 7 escales intermédiaires.

C'est à la suite de cet admirable exploit qu'il recevait la Légion d'Honneur, malgré sa jeunesse.

Il va au régiment. Il ne participera qu'à une épreuve en 1914, le rallye aérien de Monaco, où il se classera troisième par le voyage Madrid-Monaco, en 16 heures 2 minutes 21 secondes 3/5. Nous avons rappelé que les premières places avaient été prises par le grand rival et ami du jeune héros : Roland Garros.

A la guerre, dès le début, Brindejone des Moulinais est envoyé au front. Il fait des reconnaissances, des réglages, des bombardements. Il prend part à la bataille de la Marne, tenant l'air presque toute la journée, réclamant les missions périlleuses, prouvant ce qu'on pouvait attendre de l'avion en rapportant des renseignements précieux. Au bout de quelques mois, ce surmenage déclencha une crise d'entérite d'une grande violence. Brindejone ne voulait pas se laisser évacuer, il résistait, mais un jour, il dut s'avouer vaincu. La maladie se vengea de la désinvolture qu'il avait manifestée à son égard. Elle fut longue au gré de la victime qui n'avait qu'un désir : retourner au front. Plusieurs fois il s'imagina être guéri : ce n'était qu'une illusion. Il accepta alors d'être chef-pilote à la Réserve Générale d'Aviation.

Enfin le mieux survint. Brindejone demanda aussitôt à reprendre sa place au front, cette fois comme chasseur. Le 30 juillet 1916, il abattait un appareil ennemi, mais quelques jours après, le 19 août, dans une croisière, soudain son appareil vacilla dans les nues, tournoya et s'écrasa au sol : un grand champion d'avant-guerre nous était encore enlevé.

***

Pégoud connut le même sort.

C'est lui qui avait émerveillé le monde entier par ses déconcertantes acrobaties où il semblait défier toutes les lois de l'équilibre et du centre de gravité. Depuis longtemps, Garros s'était rendu fameux par ses vols de haute école, mais c'est Pégoud qui, le premier, eut l'audace de voler la tête en bas et de réaliser la boucle.

Né dans l'Isère en 1889, il venait de faire son service militaire au Maroc, comme volontaire de cinq ans, lorsqu'il se consacra à l'aviation. En 1913, il commença par expérimenter un procédé, dû à M. Louis Blériot, pour permettre aux hydravions de venir le long des navires s'accrocher à un câble dans lequel une monture terminée par une sorte d'antenne et placée au-dessus de la cabane de l'avion, venait s'incruster par un système de verrouillage.

Il fallait une grande hardiesse — l'opération se faisant au ras du sol — et une remarquable habileté : c'est là que Pégoud fit son apprentissage d'acrobate aérien. Le 19 août 1913, il se livra à un autre exercice. À Châteaufort, il monta à 300 mètres de hauteur. Là, il agit sur une manette libérant le parachute Bonnet auquel il s'était attaché et se lança dans l'espace, tandis que l'avion, livré à lui-même, tombait d'un autre côté. Pégoud accomplit sa descente très normalement et se posa dans un arbre sans autre incident que la fureur des gendarmes qui, depuis plusieurs jours, cherchaient à l'empêcher de tenter cette expérience. Les temps ont changé, mais à cette époque les audaces de Pégoud semblaient autant de tentatives de suicide qui ne pouvaient pas être manquées.

Le 9 septembre 1913, l'intrépide montait à 1.000 mètres, sur son Blériot, se laissait tomber verticalement, faisait chavirer son appareil, volait pendant 400 mètres la tête en bas et reprenait à 300 mètres sa position normale. On se rend compte de la stupéfaction de la foule en apprenant cette incroyable nouvelle.

Ce n'était qu'un début. Le 21 septembre, Pégoud recommençait ses expériences de vol à l'envers, suivi d'un pivotement sur l'aile et les terminait en réussissant le « looping-the-loop », qui allait connaître une vogue extraordinaire.

Pégoud avait voulu démontrer par ces hardiesses qu'en avion un pilote ne doit jamais considérer une situation comme désespérée et qu'en manœuvrant il parvient à se sortir des incidents les plus tragiques. Jusqu'au moment de la mobilisation, dans toute l'Europe il alla se faire admirer.

A la guerre, le remarquable précurseur fut un glorieux soldat. Il recherchait toutes les occasions de faire du travail utile. Dès le début, il réussit des bombardements efficaces, n'hésitant pas à descendre à n'importe quelle hauteur pour mieux assurer son tir. Le 9 octobre 1914, il était pour la première fois cité à l'ordre du jour et recevait bientôt la médaille militaire. Il devenait chasseur; le 11 juillet 1915, il remportait sa sixième victoire, mais, le 31 août 1915, opposé au caporal Kandulski et au lieutenant von Bilitz, qui montaient un appareil blindé, il recevait une balle qui lui traversait l'aorte et tombait dans nos lignes près de Belfort.

Nous terminerons cette série sur les grands héros d'avant-guerre, en rappelant la carrière de Marc Pourpe qui s'était spécialisé dans les vols aux colonies, ce qui l'empêcha peut-être d'être aussi populaire que ses camarades dont nous venons de parler, mais ce qui prouva de sa part une splendide audace et ouvrit un débouché considérable à l'aviation. Au début du plus lourd que l'air, il avait accompagné en Australie un pilote anglais. Sa mission consistait à servir de mécanicien et de conférencier. Lorsqu'il avait terminé la mise au point de l'appareil Wright, il donnait aux visiteurs des explications sur le fonctionnement.

A cette époque, le métier de pilote exerçait une influence sur le cœur des jeunes filles : l'aviateur se maria. Il laissa son biplan à Pourpe qui n'avait jamais encore essayé de piloter et apprit tout seul l'art de manœuvrer. Il réussit à donner plusieurs meetings jusqu'au moment où il brisa l'avion.

Il rentra en France, fut chef-pilote à Nice. Puis après deux ans de travail qui avaient fait de lui un aviateur très habile, il songea à passer son brevet de l'Aéro-Club qu'il ne possédait pas encore, malgré son expérience. Il commença alors la série de ses exploits. Il établit le record de la traversée de la Manche, aller et retour, dans sa plus grande largeur. Il donna des meetings dans le Nord, vola de Paris à Liège dans la même journée, ce qui était très beau à cette époque.

Colonial dans l'âme, ayant passé treize années de son enfance à Suez, il veut démontrer que la véritable utilité de l'avion réside dans son emploi aux colonies. Il organise une tournée, va aux Indes, en

Indo-Chine. Il effectue en Annam, en Cochinchine, au Tonkin, au Cambodge, au Laos, des raids admirables au-dessus des forêts vierges : la moindre panne serait mortelle. Sur un monoplan usé, pourri, il totalise les exploits. Sa présence de quelques mois fait plus pour notre influence que quinze ans de colonisation, déclarent les Européens qui le voient à l'œuvre.

Ne pouvant plus compter sur son appareil, absolument hors d'usage, il revient en France et prépare une nouvelle expédition de grande envergure. Il veut tenter le voyage Le Caire-Kartoum et retour, soit 4.500 kilomètres au-dessus du désert. Ce projet semble un défi à la prudence. A cette époque, le parcours n'était pas jalonné comme il l'est devenu.

Pourpe établit l'itinéraire avec Lord Kitchener lui-même, qui le conseille, l'encourage, profondément intéressé par l'entreprise.

Le jeune héros fait le trajet de l'aller en six étapes seulement, du 4 au 12 janvier 1914, soit 2.200 kilomètres en 16 heures 18 de vol, et accomplit le retour par petites étapes, afin de se poser, par politesse, partout où Lord Kitchener avait fait préparer des terrains à son intention.

Ce fut l'une des plus belles entreprises aériennes d'avant-guerre. Elle fut réussie sur l'appareil avec lequel Garros avait traversé la Méditerranée.

A la mobilisation, Marc Pourpe préparait le raid Paris-Saïgon. Dégagé de toute obligation militaire, il tint à partir tout de suite comme volontaire, il fut effecté bientôt à l'escadrille de Garros et de Gilbert. Il faisait l'admiration de tous par son entrain et sa vaillance.

Il avait déjà obtenu deux citations, mais était toujours simple soldat, lorsque, le 2 décembre 1914, rentrant d'une reconnaissance exécutée par un temps effroyable, on vit son appareil sortir des nuages comme un bolide et venir s'écraser au sol.

Ainsi, Garros, Védrines, Gilbert, Brindejonc des Moulinais, Pégoud, et Marc Pourpe, gloires éclatantes de l'aviation d'avant-guerre, tombèrent tour à tour. N'oublions jamais ces héros qui se sacrifièrent et grâce auxquels le plus lourd que l'air est devenu un moyen de locomotion qui ne connait plus d'obstacles.

TROISIÈME PARTIE

L'AVIATION FRANÇAISE PENDANT LA GUERRE

CHAPITRE PREMIER

Quatre ans de guerre aérienne [1].

En 1914, l'aviation française — l'une des mieux organisées, si l'on peut dire — n'était rien au point de vue militaire. Nous possédions quelques escadrilles sans plus, surtout sur le papier. Nous avions 138 appareils en service des types les plus disparates. Toutes les missions leur étaient bonnes. D'ailleurs, savions-nous exactement quelles fonctions ils pouvaient remplir ? Jusqu'à ce moment, la cinquième arme avait plutôt consisté à servir d'attraction aux grandes manœuvres. Elle tenait plus du meeting que de la guerre. Les chefs n'avaient qu'une confiance relative en elle et considéraient les pilotes comme des cerveaux brûlés, des indisciplinés.

En outre, comment aurait-on su de quelle façon et de quel côté les recherches devaient être orientées ? L'expérience manquait. Quelle était la formule de l'avenir ? L'aviation lourde ou légère ? Chacune de ces écoles avait ses partisans ardents. Quels étaient les types préférables ? Le monoplan ou le biplan ? Le moteur idéal : le rotatif ou le fixe ? A cette époque, l'exclusivisme régnait. On ne pouvait comprendre que le ciel était vaste et qu'il y avait place pour tous. La guerre se chargea de mettre les diverses questions au point. Elle a prouvé que, de même que le taxi n'a pas supprimé la voiture de course, l'avion léger a des attributions que ne peut remplir l'avion lourd et réciproquement.

Ces idées semblent d'une logique indiscutable aujourd'hui. Celui

1. L'œuvre de l'aviation pendant la guerre fut tellement importante que nous ne saurions la traiter complètement ici. Aussi nous contentons-nous de donner une vue d'ensemble, nous réservant de revenir sur cette question capitale dans d'autres ouvrages. — *Note de l'auteur.*

qui les aurait soutenues en 1914 aurait été considéré comme un utopiste ou tout au moins comme un indécis donnant raison au dernier interlocuteur.

On juge, d'après ces notions, quel était le chaos au début. Les avions étaient bons à tout faire, les pilotes n'avaient que leur intuition pour les guider, les chefs n'insistaient point pour recourir à leurs services mal définis.

Fort heureusement, nos oiseaux avaient le désir de montrer ce qu'on pouvait attendre d'eux. Avec un matériel souvent imparfait, un armement inexistant, des bombes peu efficaces, des procédés de réglages enfantins, ils donnèrent des résultats inespérés.

Le commandement commença à les prendre au sérieux. Il s'intéressa à cette arme qui, malgré des allures de parent pauvre, relégué au bout de la table, tenait à se signaler dans toutes les circonstances.

C'est à la bataille de la Marne qu'elle se révéla. Des ordres du jour furent envoyés du Grand Quartier Général.

Pour montrer les progrès insoupçonnables accomplis de 1914 à 1918, nous nous contenterons d'opposer les communications officielles du début à celles de la fin des hostilités.

La première date du 10 septembre 1914. C'est en quelque sorte l'acte de naissance du réglage d'artillerie :

« Le 8 septembre, dans la région de Thiaucourt, la moitié environ
« de l'artillerie du 16ᵉ corps d'armée allemand a été détruite par
« notre artillerie de campagne. Les emplacements d'une ligne de
« 11 batteries de ce corps d'armée ont été repérés très soigneusement
« par les avions français. Profitant d'une accalmie dans le combat,
« les batteries françaises ont pu préparer les éléments d'un tir d'effi-
« cacité en utilisant concurremment avec les renseignements d'avions,
« les résultats de réglages antérieurs. Ce tir d'efficacité brutalement
« déclenché sur toute la largeur de l'objectif a produit, en quelques
« minutes, des effets foudroyants constatés par les avions français qui
« continuaient de survoler le champ de bataille. Plusieurs caissons
« ont explosé, le matériel parait avoir été à peu près complètement
« détruit.

« Ce succès montre les résultats que l'on peut et doit obtenir de la
« collaboration de l'artillerie et de l'aviation pendant le combat. Le
« rôle stratégique des avions n'a plus la même importance lorsque les
« armées sont rapprochées et les deux parties en contact. Aussi con-
« vient-il de n'employer à ce moment au service des reconnaissances
« que le nombre d'avions strictement nécessaire. Les autres avions

« disponibles doivent être mis à la disposition de l'artillerie de corps
« d'armée et de l'artillerie lourde jusqu'à concurrence, si possible, d'un
« avion par régiment d'artillerie. Chaque jour, les mêmes pilotes
« devront être affectés au même corps d'armée. Le général commandant
« l'artillerie du corps d'armée en fera la répartition suivant les phases
« du combat. Il réglera avec eux les procédés à employer pour la signa-
« lisation des objectifs et le réglage de tir. Cette entente, rapide à
« obtenir, est la seule profitable, mais elle exige, encore une fois, que
« ce soient les mêmes pilotes qui reviennent chaque jour au même
« corps d'armée.

« Les autres missions de l'aviation (lancement de projectiles,
« liaison, etc...) ne seront remplies qu'après que le service de l'artil-
« lerie sera assuré.

« Il est d'ailleurs bien entendu que, la bataille terminée et l'ennemi
« en retraite, le rôle stratégique reprend toute son importance, car il
« est absolument nécessaire de repérer la direction de retraite de
« l'adversaire pour orienter la poursuite et permettre aux troupes
« poursuivantes d'obtenir le maximum de résultats.

« J. JOFFRE. »

Le généralissime revient bientôt sur les résultats des réglages par
avions et conseille le bombardement :

« *27 septembre* 1914. — Des résultats importants ont été obtenus
« par l'emploi combiné des avions et de nos batteries à longue portée :
« des batteries ennemies de gros calibre ont pu être ainsi détruites.
« Il est indispensable que, dans chaque armée, on s'efforce d'obtenir
« systématiquement la destruction de ces batteries en cherchant à les
« repérer et à les attaquer les unes après les autres. Toutes les fois
« que ce sera possible, les avions ne devront pas se borner à ce rôle
« de recherche des objectifs et du réglage du tir de l'artillerie. Si
« leur force ascensionnelle et leur capacité de transport le leur per-
« mettent, ils devront s'efforcer d'obtenir par eux-mêmes des résultats
« matériels sur les objectifs qui leur sont indiqués ou qui se présen-
« tent à eux : attaquer au moyen de bombes le matériel des batteries
« allemandes qui ne peuvent être atteintes par nos projectiles d'ar-
« tillerie ; empêcher le service de ces batteries en détruisant le per-
« sonnel soit par des bombes, soit par des fléchettes Bon ; s'acharner
« par un lancement de projectiles quelconque contre les réserves ou
« rassemblements ennemis qu'ils peuvent constater en arrière de la
« ligne de feu. J. JOFFRE. »

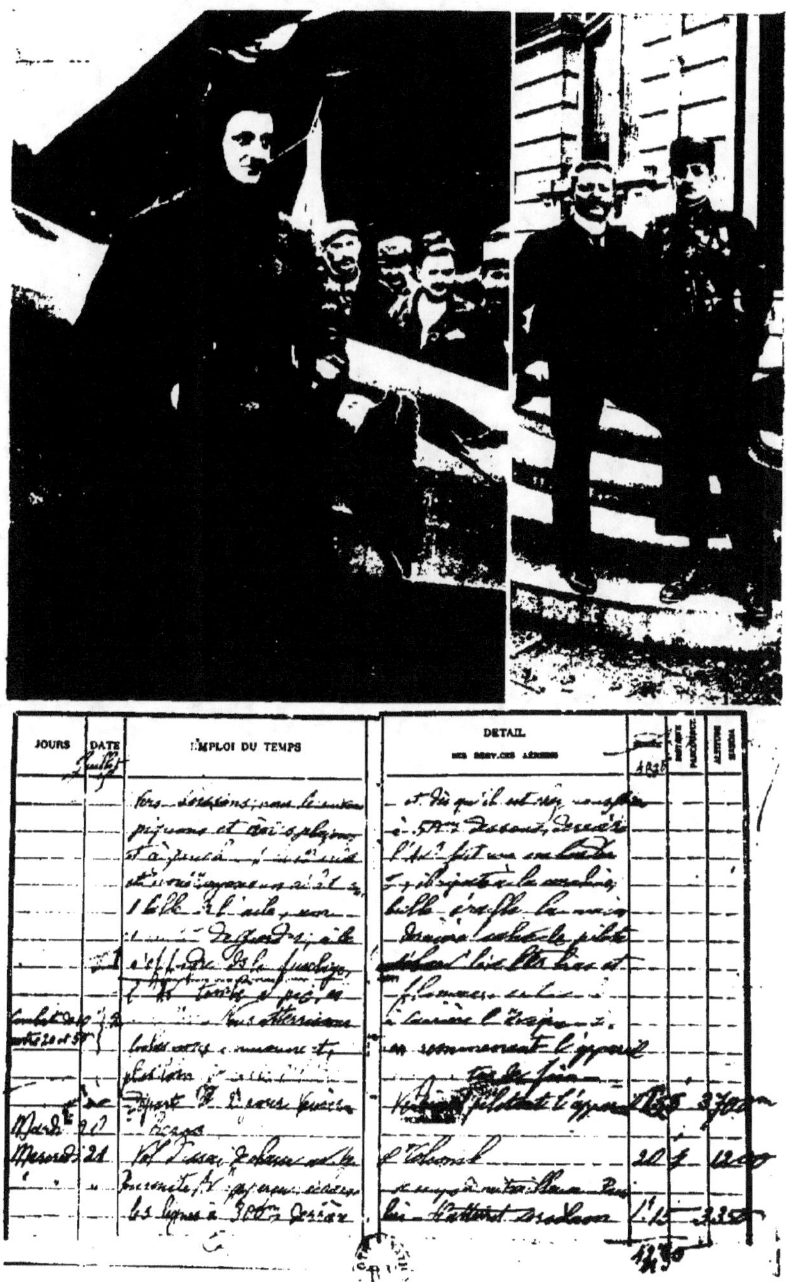

En haut, le glorieux as Georges Guynemer, aux 53 victoires, devant son avion le *Vieux-Charles*. — A droite, peu de temps avant sa mort, alors qu'il était capitaine, auprès de son père. — En bas, une feuille de son carnet de vol où il a enregistré sa première victoire, à sa 40ᵉ heure de vol.

Nous voyons enfin apparaitre la chasse aérienne, à la suite de la victoire, remportée le 5 octobre 1914, par le sergent Frantz et le mitrailleur Quénault :

« *8 octobre* 1914. — Le général commandant en chef exprime aux
« chefs du service de l'aviation aux armées, la satisfaction qu'il
« éprouve pour l'ardeur, le courage et l'habileté avec lesquels les
« aviateurs, observateurs et tireurs accomplissent journellement leurs
« missions, apportent une aide parfaitement efficace au commande-
« ment et aux troupes. Il compte que l'aviation continuera à prendre
« dans l'avenir, par tous les moyens, une part de plus en plus intime
« au combat dans lequel son action obtient non seulement des résultats
« matériels importants, mais exerce sur l'ennemi une très grande
« influence morale.

« L'attaque des aviateurs doit porter principalement sur les rassem-
« blements de troupes, les moyens de transport, les organes impor-
« tants et délicats de l'ennemi. Dans une armée, on a détruit par des
« fléchettes un drachen-ballon. Les drachens sont indispensables à
« l'ennemi pour son artillerie lourde et on doit attacher la plus grande
« importance à leur destruction. Dans une autre armée, un avion a
« descendu un aviatik par le feu de sa mitrailleuse.

« Enfin, les escadrilles de bombardement ont pu jeter des bombes
« sur des batteries en action, sur des rassemblements, sur des colonnes
« en marche, sur des parcs et sur des gares où avaient lieu des mouve-
« ments importants.

« Ces résultats montrent que l'aviation de combat est à même de
« rendre les plus grands services et de justifier la confiance que le
« commandement place en elle.

« J. JOFFRE. »

Nous ajouterons ce dernier ordre qui fut rarement observé d'ailleurs, mais qui montrera l'esprit de justice du Maréchal Joffre :

« *24 octobre* 1914. — Il est arrivé dans certaines armées qu'à la
« suite de reconnaissances aériennes particulièrement brillantes et
« difficiles, l'observateur ait été cité à l'ordre de l'armée sans qu'il soit
« fait mention du pilote ou réciproquement. Or, dans toute mission
« aérienne exécutée à deux, de même que les risques sont partagés,
« le mérite doit l'être également entre le pilote et le passager (obser-
« vateur ou tireur). Ce sont deux camarades de combat qui affrontent
« les mêmes dangers et dont le courage et l'habileté contribuent
« également au succès de la mission. Il y aura donc lieu, à l'avenir,

« de les mentionner tous les deux, soit dans les compte-rendus, soit
« dans les propositions pour une récompense.

« J. JOFFRE. »

Nous avons vu naître, par ces ordres du jour, le réglage d'artillerie,
la reconnaissance, le bombardement, la chasse aérienne. Telles furent
les missions de l'aviation auxquelles s'ajoutera plus tard la liaison
d'infanterie.

En mars 1915, les appareils sont revisés, les escadrilles remaniées.
Il n'est conservé que quatre types d'avions : pour la reconnaissance, le
Maurice Farman, — pour le bombardement, le Voisin, — pour le
réglage d'artillerie, le Caudron, — pour le combat, le parasol Morane-
Saulnier. Des unités nouvelles sont formées, des groupes de bombar-
dement créés. Chaque jour apporte un perfectionnement.

1918 !

L'aviation est devenue l'espoir de la victoire, la collaboratrice indispensable. Sans elle, plus d'offensive possible. A son travail, on devine
les intentions des belligérants. Elle est l'arme-reine. Elle ne comprend
pas que des héros, certes, mais le profane s'imagine que tout aviateur
a droit à l'admiration. C'est là, en tout cas, que proportionnellement,
les pertes sont les plus lourdes. L'avion est l'ange gardien du « poilu »,
le défenseur du territoire, le vengeur des innocents. Les missions
sont multiples, bien définies.

Le vol nocturne, considéré comme un suicide au début des hostilités, est devenu courant. La vitesse est passée de 110 kilomètres à
250 à l'heure, pour la chasse. En 1914, les appareils ne dépassaient
pas 2.000 mètres, ils combattent jusqu'à 6.500. Ils emportaient péni-
blement 50 kilos de projectiles, ils lancent jusqu'à 400 kilos. Ils faisaient des randonnées de deux à trois heures, ils peuvent effectuer
des raids de dix à douze heures. L'armement inexistant est devenu
important : nos aviateurs ont, pour se défendre, deux ou trois mitrailleuses, voire même des canons. Les vols, uniquement individuels, au
commencement, s'accomplissent en patrouilles pour la chasse, en
escadres pour le bombardement. La Division aérienne, sous les ordres
du commandant Vuillemin, accumule les actions d'éclat. Quelques
ordres du jour de cette glorieuse phalange prouveront les progrès
réalisés, les résultats obtenus :

« 5 juin 1918. — De tous côtés affluent les remerciements des fan-
« tassins pour l'aide immédiate qui leur est apportée par les bombar-
« dements des champs de bataille. Hier encore, le bombardement du

« ravin de la Savière, a enthousiasmé la 128e division : il a probable-
« ment retardé une forte attaque qui n'a pu être déclenchée que ce
« matin et a été repoussée.

« Les bombardiers forcent l'admiration de tous. Le chef d'escadron
« commandant l'escadre, adresse ses félicitations à tout le personnel
« des groupes pour le travail considérable qui a été fourni depuis le
« début de l'offensive allemande et notamment depuis le 31 mai.

« Pendant les journées des 31 mai, 1er, 2 et 3 juin, l'escadre a lancé
« 105 tonnes d'explosifs sur l'ennemi et abattu 13 avions ennemis
« homologués.

« Commandant VUILLEMIN. »

« 18 *juin* 1918. — Le groupement Ménard, tel qu'il est constitué
« actuellement, est dissous à la date du 15 juin. En transmettant
« l'ordre de dissolution du groupement, le commandant tient à
« adresser aux deux escadres qui ont servi sous ses ordres, au cours de
« trois mois de bataille, l'expression de sa satisfaction pour les efforts
« qu'elles ont prodigués avec une générosité magnifique.

« Les résultats ont correspondu aux efforts : depuis la constitution
« du groupement jusqu'à ce jour, l'escadre 12 a lancé sur l'ennemi
« 334 tonnes de projectiles et abattu 29 avions ennemis homologués.
« L'ascendant pris ainsi sur l'aviation adverse a été reconnu tant par
« l'ennemi lui-même que par nos troupes.

« La lutte a été âpre et les pertes lourdes. Le commandant salue
« les officiers, sous-officiers et hommes de troupe, trop nombreux, dont
« le sacrifice a été la rançon du succès.

« Le commandant témoigne particulièrement à l'escadre 12 son
« admiration pour son ardeur, son entrain et son énergie que ni les
« pertes, ni les fatigues successives n'ont pu amoindrir. Il est fier de
« l'avoir eue sous ses ordres et il est fier de continuer à combattre côte
« à côte avec elle.

« Commandant MÉNARD. »

« 30 *août* 1918. — Le chef d'escadron, commandant l'escadre 12,
« est heureux de transmettre aux unités sous ses ordres les félicita-
« tions du commandant de la 1re Brigade Aérienne pour le beau travail
« effectué dans la journée du 29 août.

« Les équipages sont allés par deux fois à basse altitude (entre
« 1.500 et 2.500 mètres) jusqu'à 14 kilomètres à l'intérieur des lignes.
« Ils ont eu à livrer de nombreux combats et en sont sortis victorieux,

« grâce au bon groupement des pelotons et à la protection parfaite
« des escadrilles 239 et 204.

« Huit avions ennemis ont été sûrement abattus ; 37.300 kilos de
« bombes ont été jetés sur Anizy-le-Château où s'abritaient de nom-
« breux convois, visibles sur les photographies prises.

« Commandant VUILLEMIN. »

« 15 *septembre* 1918. — Les pelotons des escadrilles 131 et 132 ont
« rencontré dans la région de Conflans une aviation de chasse ennemie
« nombreuse et extrêmement agressive. Les combats livrés sont com-
« parables à de véritables batailles rangées contre un adversaire, fort
« de sa supériorité numérique, poussant ses attaques avec un acharne-
« ment inouï, s'approchant jusqu'à 20 mètres, ne se laissant aucu-
« nement impressionner par ses pertes.

« Nous avons perdu six équipages. Sept avions ennemis ont été
« incontestablement abattus (en flammes, brisés en l'air, ou vus
« s'écrasant sur le sol).

« Je signale la belle conduite des équipages tombés au champ
« d'honneur au milieu d'une telle lutte et de tous ceux ayant pris part
« à ces combats. Tous ont atteint l'objectif à travers les avions ennemis.
« Tous sont restés impeccablement groupés derrière leur chef, serrant
« les rangs à chaque nouveau vide. Le mitrailleur du lieutenant de
« Villèle, le brigadier Vallat, a été vu par ses camarades, crispé sur ses
« mitrailleuses et continuant de tirer sur l'ennemi au milieu de son
« avion en feu.

« Tous les avions rentrés ont été atteints, plusieurs sont criblés de
« balles.

« Capitaine ÉTOURNAUD. »

Bientôt venait cette magnifique citation récompensant l'escadre
Vuillemin de la Division Aérienne :

Entraînée par l'exemple magnifique de son commandant, le chef
d'escadron Vuillemin et de ses chefs de groupe, les capitaines Petit,
de la Morlais, Lavergne, constitue par son entrain et son audace
une unité d'aviation redoutable. A maintes fois fait sentir à l'ennemi
la valeur de son esprit offensif en le mitraillant et le bombardant près
du sol. Du 17 mars au 27 mai 1918, est intervenue dans la bataille de
Picardie, lançant 132 tonnes de projectiles. Du 29 mai au 9 juin, a
participé aux opérations entre Aisne et Marne, lançant plus de

« 191 tonnes de projectiles. S'est distinguée particulièrement le
« 4 juin, en arrêtant dans son germe une attaque allemande par le
« bombardement des troupes ennemies rassemblées en vue de l'action
« dans la vallée de la Savière. Depuis le 15 juillet, a contribué puis-
« samment à rendre très difficile à l'ennemi le passage de la Marne,
« lui coupant ses passerelles par ses bombes. A vigoureusement pour-
« suivi les troupes allemandes dans leur repli, lançant 147 tonnes de
« projectiles. Au cours de ces diverses opérations, a abattu 43 avions
« ennemis qui cherchaient à lui barrer la route de ses objectifs. »

Que dire de ces actes de courage ! L'aviation ennemie luttait déses-
pérément avec ses avions de chasse contre nos bombardiers. Ceux-ci
alourdis par la charge qu'ils emportaient, dotés d'une vitesse relativement minime, étaient, chaque fois, attaqués par l'élite des chasseurs
allemands du groupe des Tangos ou de celui des Damiers, auxquels
appartenaient les plus grands as. Ces pages d'histoire montrent l'importance prise par les nôtres et le courage dont ils firent preuve. Le
général Pershing tint à les féliciter lui-même :

« 16 *septembre* 1918. — Je désire vous adresser mes plus chaleureux
« remerciements pour le travail fait par la Division Aérienne fran-
« çaise en liaison avec la Première Armée Américaine. Ayant commencé
« avec l'attaque, le 12 septembre, et continué jusqu'à la fin de l'opé-
« ration, vos avions, autant de chasse que de bombardement, ont non
« seulement montré les plus hautes qualités d'organisation et de
« travail d'ensemble, mais encore ont pénétré à de grandes distances
« dans les lignes ennemies et manifesté des qualités de bravoure au-
« dessus de tout éloge. L'emploi d'une importante unité aérienne telle
« que la vôtre en liaison étroite avec l'emploi des troupes à terre a
« grandement contribué à la victoire.

« Je désire vous assurer que l'armée américaine tout entière apprécie
« pleinement l'aide que vous avez apportée. Nous vous exprimons
« toute notre sympathie pour les courageux combattants que vous
« avez perdus, mais nous sommes sûrs que leur exemple, leur grandeur
« d'âme et leur esprit de dévouement ne seront pas oubliés.

« Général JOHN PERSHING. »

L'admiration du général John Pershing et du général commandant
le 17e corps d'armée fait encore l'objet d'un ordre, à la suite d'une nouvelle opération du régiment ailé :

« 10 *octobre* 1918. — Le chef d'escadron commandant l'escadre 12

« est heureux de transmettre à tout le personnel sous ses ordres les
« félicitations du général Pershing qui, dans la journée d'hier, a vu
« défiler les bombardiers travaillant dans son secteur. Il a été favora-
« blement impressionné par la bonne marche des pelotons et la puis-
« sance de combat qu'ils représentent.

« Le général commandant le 17ᵉ corps d'armée a également
« signalé l'enthousiasme de ses troupes au passage des Breguet de
« bombardement et des R. XI de protection.

« Commandant VUILLEMIN. »

C'est alors le dernier ordre, donnant le tableau de la Division
Aérienne au cours des quinze premières journées de la bataille qui
délivra le monde :

« 15 *octobre* 1918. — La première phase de la bataille de France se
« termine par une brillante victoire après 15 jours de luttes ardentes
« au cours desquelles les bombardiers de jour ont écrit une des plus
« belles pages de leur si glorieuse histoire.

« 304 tonnes, 100.000 cartouches lancées sur l'ennemi, représentent
« le travail effectué pendant douze jours de bataille. Les résultats
« sont inscrits sur le terrain conquis : Machault, Cauroy, Semide se
« sont en partie écroulés sur l'envahisseur et les réfugiés français
« racontent l'épouvante des Allemands pendant le bombardement de
« Vouziers, les écroulements de la gare, l'encombrement des cadavres
« d'hommes et de chevaux dans la briqueterie.

« Pour accomplir ce travail, les escadres de Breguet effectuèrent
« 1.375 sorties, les escadrilles de protection de R. XI, 209.

« Au cours de ces 1.584 vols effectués par la Brigade, 49 combats
« furent livrés, 10 avions ennemis s'écrasèrent en flammes sur le sol.
« 2 des nôtres restèrent à l'ennemi, un de nos observateurs bombar-
« diers fut tué par un éclat d'obus.

« Tel est le bilan de la bataille : nos morts ont été vengés.

« Pendant que nos formations puissantes et ordonnées survolaient
« les lignes, en route vers leurs objectifs, un frisson d'enthousiasme
« courait sur le sol, ravissant nos troupes, fatiguées par la lutte, leur
« infusant de nouvelles forces pour se jeter plus en avant.

« Ce sera pour les bombardiers la plus haute récompense, qu'un de
« nos grands chefs, dont le regard pénètre à fond l'âme du soldat, ait
« demandé, dans la journée du 3 octobre, de faire tenir l'air le plus
« longtemps possible par les bombardiers, afin d'enflammer leurs

En haut, l'équipage australien qui, en 1919, vola de Londres à Port-Darwin en 28 jours.
De gauche à droite : Shiers, Ross Smith, Keith Smith et Bennett. — En bas, vue prise
au cours de ce vol : un aigle, tué par l'hélice, a été rejeté dans les fils et y resta pendant toute l'étape.

« camarades les fantassins par la vue des escadrilles volant à l'assaut.

« Ainsi s'est réalisée l'allégorie des Ailes de la Victoire.

« En regardant derrière eux, les bombardiers des escadres 12 et 13
« peuvent être fiers de l'œuvre qu'ils ont accomplie. Tous à la 1ʳᵉ Bri-
« gade y puiseront la flamme et l'ardeur nécessaires jusqu'aux derniers
« combats qui achèvent la victoire.

« Le chef de bataillon DE GOYS.
Commandant la 1ᵉʳ Brigade de Bombardement. »

Nous pensons avoir démontré, mieux que par des énumérations
monotones, l'œuvre et les progrès de l'aviation pendant la guerre. Ce
sont là faits officiels que nul ne peut taxer d'exagération. Ils prouvent
que, partie pour ainsi dire du néant, l'armée aérienne fut la principale
collaboratrice de la victoire. Les perfectionnements obtenus, malgré
le travail hâtif, n'indiquent-ils pas que le jour où les peuples recom-
menceraient à s'entretuer, c'est aux flottes ailées qu'ils confieraient le
soin d'attaquer et de vaincre ?

CHAPITRE PREMIER

Les grands voyages.

Dès la fin de la guerre, l'activité aérienne reprit dans tous les pays, plus ou moins heureusement, selon les encouragements donnés par les différents États.

L'Angleterre fut la première à produire un effort efficace. Nous ne citerons pas, bien entendu, tous les raids réussis depuis 1919. Fidèle au plan que nous avons suivi, nous ne parlerons que des voyages ayant réalisé un progrès certain.

En 1919, un prix de 250.000 francs avait été créé, destiné à récompenser le premier pilote qui relierait l'Angleterre à l'Australie en moins de trente jours, soit 720 heures. Quelques mois après, le prix était gagné par l'équipage composé de Ross Smith, Keith Smith, son frère, tous deux Australiens, Bennett et Shiers, montant un avion Vickers-Vimy bi-moteur.

C'est avec une avance d'une cinquantaine d'heures sur le délai fixé que Ross-Smith atterrit à Port-Darwin, remportant non seulement le prix, mais le titre de « Sir » que le roi d'Angleterre lui décerna pour son raid extraordinaire de 18.000 kilomètres.

Voici le carnet de route tenu par les héros eux-mêmes au cours de cette randonnée :

12 novembre. — Départ de Hounslow. Nuages de neige à Étaples, survolée à 2.500 mètres. Nous volons à la boussole. Le sol ne réapparaît qu'à Roanne, atteint après avoir traversé la neige. Froid intense. Instruments de bord gelés. Avion couvert de glace. Le vent est favorable, mais beaucoup de temps perdu pour éviter les ondées. Arrivée à Lyon à 3 heures 40. Nous eûmes de grosses difficultés pour nous y procurer de l'essence et de l'eau.

« 13 *novembre*. — Quitté Lyon à 10 heures 6, par beau temps, soleil. Quelques nuages. Longé la Riviera, traversé le golfe de Gênes, survolé San Remo, Spezia, atterrissage à Pise à 2 heures 40. Nous avions réparé à Lyon notre collecteur d'échappement, mais le mal n'avait fait qu'empirer et en arrivant à Pise, il n'y avait plus rien à tenter. Tout était brûlé jusqu'à la plaque d'aluminium qui se trouvait sur le filtre d'essence. Les mécaniciens en ajustent un autre et réparent le capot. Il était 11 heures, lorsque nous eûmes terminé. Nous nous préparions à partir ce matin, 14 novembre : la pluie violente, un terrible vent du sud, des nuages bas nous empêchent de mettre notre projet à exécution.

« Jusqu'ici nous avons volé à 120 kilomètres à l'heure, d'après l'indicateur de vitesse en nous contentant de 1.650 tours...

« 15 *novembre*. — Nous avons passé la journée d'hier sur l'appareil, nous avons fait tourner les moteurs pendant huit heures. Nous étions embourbés. Nous devions recourir à des madriers. Finalement nous triomphions ce matin. Départ sensationnel. Bennett tient la queue jusqu'à ce que l'avion soit en marche, puis il court, fait un rétablissement sur l'arrière de l'appareil et Shiers le hisse à bord au moment où nous décollons. L'aérodrome est submergé par deux pouces d'eau, mais le Vimy s'élève en beauté. Nous avons rencontré un violent vent debout. La vitesse tomba à 80 kilomètres à l'heure. Nous avons traversé d'épaisses couches de nuages. Malgré la brume, nous atterrissons à Rome à 3 heures.

« 16 *novembre*. — Départ de Rome à 9 heures, arrivée à Tarente à 11 heures 45. Encore des nuages bas et une mauvaise visibilité. Nous passons sur Capone et Naples. Nous obliquons à l'est, au-dessus des montagnes. Nous survolons le Vésuve à très basse altitude. Nous rasons les montagnes, l'appareil baisse à certains moments de plusieurs centaines de pieds. Vent favorable.

« 17 *novembre*. — Départ de Tarente à 8 heures, arrivée à Suda-Bay (Crète) à 3 heures 45. Vent violent de côté. Nuages bas, pluie. Nous essayons de passer au-dessus, mais la mer d'ouate est trop haute et nous nous trouvons à 250 mètres, suivant rigoureusement la côte. Nous avons failli heurter une petite île dans le brouillard. Depuis le sud de la Grèce jusqu'à la Crète, beau temps, faible vent debout.

« 18 *novembre*. — Départ de Suda-Bay à 8 heures, arrivée au Caire à 3 heures 30. Mauvais temps. Nuages bas, rendant difficile la traversée des montagnes de Crète. Nous volons dans la pluie, à 700 mètres du sol, pendant la plus grande partie de notre trajet au-dessus de la Méditerranée qui dure deux heures et demie. Nous arrivons à la côte africaine à Sollum, puis volons vers l'Est jusqu'au Caire... Jusqu'ici, nous avons eu trente heures de vol dont la majorité sous la pluie.

19 *novembre*. — Départ du Caire à 10 heures 30. Traversé le canal à Kantara. Suivi la côte dans les nuages jusqu'à Gaza, pluie violente qui nous oblige à voler bas depuis le Jourdain jusqu'à Damas. Nous avons admiré le paysage qui nous rappela quelques épisodes de la guerre. Atterrissage à Damas à 3 heures.

20 *novembre*. — Retardé jusqu'à 11 heures. La première pluie depuis le mois de mars est en train de tomber. Le champ est boueux. Nous partons, volons bas jusqu'à Tadmor, passons au-dessus du désert d'Abukemal, suivons l'Euphrate. Vent debout. Nous nous posons à Ramadi. Tourmente à la nuit. Des troupes tenaient l'appareil. Pendant deux heures nous sommes inquiets, mais le Vimy **résiste** aux bourrasques.

21 *novembre*. —Départ de Ramadié à 1 heure 15, arrivée à Bassa à 4 heures 40. La première journée de beau temps depuis le départ. Nous passons Bagdad, Kut, et nous posons à Bassa.

23 *novembre*. — Départ de Bassa à 6 heures 30. Temps idéal. Volons vers Bushire le long de la côte du golfe Persique. Atterrissons à Bender-Abbas (Perse) à 2 heures 20. Près de huit heures de vol : la machine n'a jamais faibli. La côte de Perse est difficile.

24 *novembre*. — Départ de Bender-Abbas à 7 heures 30, arrivée à Karachi à 4 heures 10. Bonne journée, aucun incident. Suivi la côte tout le temps. Les moteurs et l'appareil en parfait état, mais l'équipage plutôt fatigué par ces neuf heures de vol. Temps beaucoup plus chaud. Quelle différence avec la température de l'Angleterre, il y a treize jours !

25 *novembre*. — Départ de Karachi à 7 heures 40, arrivée à Delhi à 4 heures 30. Bonne journée, léger vent debout. *Durant ces trois derniers jours, nous avons tenu l'air 25 heures, courant 2.600 kilomètres !*

« 27 *novembre*. — Aujourd'hui, à 10 heures 30, nous volons dix minutes sur la ville, puis partons vers Allahabad. Près de Muttra, fuite d'huile. Nous atterrissons et réparons. Nous continuons une heure et demie plus tard ; nous nous posons à Allahabad à 5 heures.

« *28 novembre*. — Départ de Allahabad à 8 heures 30, arrivée à Calcutta à 1 heure 45. Vent arrière. Bonne étape. Atterrissage sur le champ de course. Beaucoup de monde. Tout va bien.

« *29 novembre*. — Départ de Calcutta à 8 heures 30, arrivée à Akyab à 1 heure. Le champ de course était trop petit pour le départ. Beaucoup d'aigles volaient autour de nous au ras du sol. Nous avions peur que l'un d'eux ne heurtât l'une de nos hélices et la brisât.

« Juste au moment du départ deux aigles s'approchèrent de nous. L'un toucha l'une de nos hélices, alors que nous cherchions à passer au-dessus des arbres en évitant les oiseaux. Aucun dommage, mais les débris de l'aigle restèrent accrochés à la machine pendant l'étape.

« Nous tournons au-dessus de Calcutta et piquons vers l'est vers Chittagong, aux bouches du Gange, puis plein sud.

« *30 novembre*. — Étape Akyab-Rangoon. Rien à signaler.

« *1ᵉʳ décembre*. — Arrivée à Bangkok à 1 heure. Nous avons rencontré une violente tempête au-dessus des montagnes. Au sud-est de Moulmein, une mer épaisse de nuage nous a retardés. Nous montions à 3.000 mètres, mais c'était fini. Nous suivions alors la rivière Menam vers le sud. Tout avait été préparé par le corps d'aviation siamois.

« *2 décembre*. — Départ de Bangkok à 7 heures. Arrivée à Singora à 1 heure. Nous étions escortés pendant les 80 premiers kilomètres par quatre appareils siamois. Le trajet vers le sud, le long de la côte est malaise, fut bon pendant les premières heures, mais, après, nous fûmes aux prises avec une tornade épouvantable. Le vent était d'une violence effrayante et changeait sans cesse, nous aidant parfois, nous étant contraire à d'autres moments. Pendant trois heures, nous nous trouvions à moins de 180 mètres, suivant la côte, presque aveuglés par la pluie, au-dessus d'une contrée où il était impossible d'atterrir. Nous n'avions qu'à continuer avec l'espoir de meilleurs instants *dans les conditions de vol les plus terribles qu'on ait jamais rencontrées*.

« L'aérodrome de Singora est mauvais et cahoteux. Nous devions nous poser au milieu de courants de vent s'entre-croisant et sur un petit espace grand comme un mouchoir de poche. Nous nous en tirions avec bonheur, mais, plus tard, en poussant la machine, une partie de la queue heurtait un monticule et un longeron était brisé. Le dommage était insignifiant. Étant donné le temps, je ne pouvais partir pour Singapour sans emporter une nouvelle provision d'essence. Par T.S.F. nous demandions à la Compagnie Asiatique des Pétroles de Penang d'en apporter d'urgence. Pendant la nuit, rafales continuelles qui obligèrent l'équipage à tenir l'avion tout le temps.

« 3 *décembre*. — Pluie torrentielle et vent. Nous réparons la queue de notre appareil. L'équipage est transpercé en travaillant toute la journée au Vickers-Vimy. L'essence arrive dans la soirée.

« 4 *décembre*. — Mon anniversaire ! J'ai décidé d'atteindre Singapour. Nous quittons Singora à 10 heures et arrivons à Singapour à 5 heures. Le départ de Singora fut vraiment difficile, quoique des pionniers eussent déblayé le terrain hier. L'aérodrome était couvert d'eau. Nous avons décollé dans de bonnes conditions. Pluie tout le long de l'étape. Nous avons volé entre 700 et 150 mètres.

« 6 *décembre*. — Départ de Singapour vers Kalidjatti, près de Batavia (Java), soit plus de 1.100 kilomètres. La plus dure étape, par suite de l'absence de terrains d'atterrissage. Nous étions reçus par le gouverneur général des Indes Hollandaises de l'Est. Nous pensions que la dernière partie du trajet, depuis Singapour jusqu'à Port-Darwin, serait la plus difficile, mais dès que le gouverneur général sut que des avions concouraient pour le prix de 250.000 francs, il fit préparer des aérodromes sur différents points des îles hollandaises.

« 7 *décembre*. — Départ de Kalidjatti, arrivée à Sourabaya. L'aérodrome avait été installé sur un terrain dur et favorable en apparence, mais mou, déplorablement mou en réalité. Nous nous posions sans incident : malheureusement, en roulant notre Vickers-Vimy, nous avions le désespoir de le voir s'enfoncer jusqu'aux essieux. Encore embourbés ! Il fallut recourir aux soins d'un mécanicien du pays et de 200 coolies pour le tirer de ce trou. Et ce ne fut pas facile. Le seul moyen consistait à établir une route de bambous, rangés en nattes. A la nuit, nous avions construit un étroit chemin jusqu'au bout du champ. Quel travail ! Nous n'avions pas assez de matériel et devions laisser des espaces entre les nattes. En sept heures, nous pûmes pousser l'appareil environ sur 350 mètres. Nous aspirions à nous reposer, mais… banquet en notre honneur ! Et, au lever du jour, nous étions à l'aérodrome. Pendant la nuit, le mécanicien avait cherché dans tout le district toutes les nattes de bambou qu'il avait pu trouver et, en réalité, il avait démoli pas mal de maisons d'indigènes pour arriver au but !

En haut, de gauche à droite : Roget, héros de la double traversée de la Méditerranée en
un jour. — Le colonel Vuillemin, le plus grand as de la guerre, et le commandant
Dagnaux. — Acrobatie de Jousse en plein vol dans le raid Paris-Dakar, où le Goliath
eut une panne après Saint-Louis (en bas).

« A 9 heures du matin, nous avions construit un chemin de 280 mètres et nous essayions de décoller en moins de 400 mètres. Quelques-unes des nattes volèrent en l'air, frappèrent la queue et s'égayèrent autour de l'avion, nous procurant l'unique résultat de nous embourber à nouveau. A midi, le mal était réparé et la route terminée sur 300 mètres de long et 15 de large. Nous décollions enfin et assistions encore à l'envol des bambous dans toutes les directions autour de nos hélices.

« 8 *décembre*. — Étape Sourabaya-Bima.

« 9 *décembre*. — Bima-Atamboca, dans l'île Timor, sans incident.

« 10 *décembre*. — Dernière étape : 800 kilomètres au-dessus de la mer, d'Atamboca à Fannie-Bay, près de Port-Darwin où l'avion se pose à 3 heures 40. Le prix est gagné ! »

A la suite de cette victoire, Ross-Smith essayait d'atteindre Melbourne, à 3.852 kilomètres de Port-Darwin. Il brisait son appareil à Charleville (Queensland) et devait accomplir les 1.485 derniers kilomètres sur un autre avion.

De Londres à Port-Darwin, il avait obtenu une moyenne quotidienne de plus de 643 kilomètres pendant vingt-neuf jours, prouesse jamais approchée jusqu'alors.

S'il avait vaincu l'Australie, d'autres, partis à la conquête du prix, avaient eu des fins tragiques : au départ de Londres, l'équipage de l'*Alliance*, trop chargé, s'était écrasé au sol, puis, devant Corfou, le capitaine Howell et le mécanicien Fraser avaient disparu en mer.

Sir Ross Smith devait lui aussi payer de sa vie son audace : désirant s'attaquer au tour du monde, il se tuait, en 1921, en procédant à la mise au point de son appareil. L'année 1919 avait été marquée par quelques autres beaux voyages.

Le 26 janvier, le regretté Roget et son navigateur, le capitaine Coli, réussissaient la double traversée de la Méditerranée dans la même journée, exploit qui ne fut jamais renouvelé depuis : ils volèrent de Miramas à Alger et, après escale, vinrent se poser à Rozas, après 1.550 kilomètres de vol au-dessus de la mer.

Le 8 février, le premier service de transport aérien, était ouvert sur la ligne Paris-Londres par Bossoutrot qui, sur son *Goliath* bi-moteur, emmenait 14 passagers et les ramenait le lendemain sans incident.

Le 18 juin, le lieutenant Lemaitre, as du bombardement, et l'adjudant mécanicien Guignard, partaient pour l'Afrique : en dix jours, ils atteignaient Port-Étienne, après un voyage de 4.200 kilomètres, terminé par une étape de 1.700 en 11 heures 50. Pour ce dernier vol, le Bregnet-Renault emportait 1.240 litres d'essence et 110 litres d'huile (plus de 700 kilos que la charge maxima). Après trois heures de vol, le régime du moteur baissa de façon inquiétante : Guignard passa par-dessus la tête de Lemaître, franchit la cellule et monta sur le capot pour essayer de réparer. Minutes d'angoisse ! L'appareil déséquilibré piquait, tombait à la verticale. Le pilote tira Guignard par la jambe et le ramena. L'avion s'engagea alors à la verticale en montée et Lemaître finit par le rétablir. Pendant son affolante gymnastique, le mécanicien avait constaté que la cause de l'incident était la perte d'une électrode de bougie. Le moteur continuait avec 11 cylindres.

Le 11 août, un *Goliath* emportant Bossoutrot et Lucien Coupet, pilotes, le lieutenant Guillemot, radiotélégraphiste, le capitaine Bizard, navigateur, le lieutenant Boussod, observateur, les mécaniciens Léon Coupet, Jousse et Mulot, soit huit personnes, allait faire mieux encore : d'une traite, en 17 heures 23, il volait de Toussus-le-Noble à Casablanca (1.870 kilomètres) ; le 14 avril, il se rendait à Mogador (300 kilomètres) ; le 15, à Koufra (1.830 kilomètres en 14 heures), soit 4.000 kilomètres en 33 heures 23 de vol. La première étape avait été exécutée en partie de nuit, le départ ayant été pris à minuit 7. L'équipage désirait atteindre Dakar, mais une rupture d'hélice l'en empêcha et l'obligea à se poser à 120 kilomètres de Saint-Louis et à 350 de Dakar. L'atterrissage se fit sur une plage de sable humide, mais dur, de 30 mètres de large, le 16 août à 7 heures 15. En finissant de rouler, l'avion en virant entra dans la mer, dont les lames en moins d'une heure brisèrent les ailerons et la queue. Les passagers n'eurent que le temps de sauver les armes, les casques, les vivres, l'appareil photographique et de démonter la T. S. F.

Le 21 août deux indigènes découvraient les naufragés et en emmenaient la moitié à un campement voisin pour chercher des vivres. Le lendemain, les ravitailleurs revenaient et une caravane de chameaux arrivait, qui conduisait l'équipage au poste de Lederdrah, le 25 août. Alors seulement des nouvelles étaient transmises sur le sort des braves qu'on commençait à croire à jamais perdus dans le désert ou l'Océan.

Le 12 août, le glorieux commandant Vuillemin, le plus grand héros de la guerre aérienne, partait d'Istres pour le Caire avec le commandant Dagnaux, l'as à la jambe coupée, chacun pilotant un Breguet. Les deux aviateurs arrivaient au Caire, le 16 août, ayant fait quatre étapes : Istres-Naples (900 kilomètres), Salonique (850 kilomètres),

Constantinople (600 kilomètres), le Caire (1.400 kilomètres). Par la suite, le commandant Vuillemin rentra à Paris par la voie des airs, terminant ainsi un raid de 8.200 kilomètres.

Nous parlerons plus loin des traversées de l'Atlantique du N. C. 4 américain avec escales, et d'Alcock et Brown d'une traite.

En 1920, le commandant Vuillemin continuait ses randonnées lointaines, volant jusqu'à Tombouctou et Dakar.

Alors qu'il opérait avec son avion d'arme, sans rechange, et qu'il évoluait au-dessus de territoires nullement préparés, les Anglais se lançaient dans une expédition vers le Cap : ils avaient pris la précaution d'organiser des terrains avec dépôts d'essence, postes de télégraphe, relais d'avions, etc...

Le lieutenant-colonel Van Ryneveld et le capitaine Brandt quittaient Londres le 4 février 1920. Ils étaient au Caire le 9. Le surlendemain, leur avion s'écrasait au sol à Ouadi-Halfa.

L'équipage remontait au Caire en bateau pour prendre un autre appareil. Le 6 mars, cette machine se brisait à 48 milles de Bulawayo au départ pour Pretoria et c'est avec un troisième engin que Van Ryneveld et Brandt terminaient leur randonnée au Cap, le 20 mars, ayant mis près de quarante jours pour couvrir les 8.400 kilomètres du Caire au Cap. Plusieurs équipages avaient tenté ce raid, tous les avions s'étaient brisés en route.

L'Italie, comme l'Angleterre, voulut entreprendre de vastes randonnées. Elle n'hésita pas à payer des millions de lires pour voir deux de ses aviateurs sur douze équipages mettre trois mois et demi de Rome à Tokio.

Seuls arrivaient au but le lieutenant Ferrarin et le lieutenant Masiero, qui, partis de Rome, le 14 février, atterrirent à Tokio le 31 mai, après avoir franchi 16.000 kilomètres.

Il fallait attendre 1922 pour enregistrer de nouvelles performances de valeur. Après la première traversée de l'Atlantique du Sud de l'est à l'ouest par les officiers portugais Sacadura Cabral et Gago Coutinho, dont nous parlerons plus loin, le lieutenant Pelletier d'Oisy, as de la guerre, se révéla au grand public par un magnifique voyage de Tunis à Paris, le 6 juillet 1922. Il quittait Tunis à 6 heures 30, sur son Breguet d'escadrille et se posait à Paris à 17 heures 50, ayant couvert 1.650 kilomètres, dont 800 au-dessus de la mer. En octobre, il regagnait sa garnison par Casablanca, et, le 16 octobre, volait de Casablanca à Tunis sans escale, soit 1.750 kilomètres en dix heures de vol.

PARIS-TOKIO PAR PELLETIER DOISY

Notre aviation tombait dans le marasme. La foi semblait nous avoir abandonnés, lorsque M. Laurent Eynac, sous-secrétaire d'État de l'Aéronautique, adopta la politique des grands raids.

Cette mesure suffit à réchauffer l'enthousiasme, grâce à de magnifiques promesses. La plus importante fut celle réalisée par Pelletier Doisy et le sergent-major mécanicien Besin de Paris à Tokio, après changement d'appareil à Shanghaï, leur Breguet-19 ayant été brisé en se posant sur un terrain de golf qu'on avait bizarrement choisi comme aérodrome pour cette circonstance. De Shangaï à Tokio, l'équipage dut se contenter d'un Breguet-XIV ordinaire. Le grand héros va nous faire le récit de sa randonnée :

« Ce fut le 24 avril 1924, à 5 heures 55 du matin que je pris le départ : le plafond était bas, mais le vent assez favorable. La première étape nous conduisait, non sans difficulté, à cause de la pluie, de la brume, des bourrasques, des tempêtes de neige tour à tour rencontrées, jusqu'à Bucarest où nous nous posions à 5 heures.

« Nous avions à peine mangé en route, aussi avions-nous un sérieux appétit. Je m'abstiens le plus possible d'aliments en avion : les vapeurs d'huile de ricin imprègnent les lèvres, la chaleur et le vent font sécher le pain, un sandwich frais au départ semble vieux de huit jours au bout d'une heure. Je me contente d'un flacon de kola, d'un bidon de café froid, de trois ou quatre bananes et d'oranges.

« Le lendemain, 25 avril, à 7 heures du matin, nous repartions. Nous survolions Constantinople à 1.500 mètres de hauteur. Nous franchissions le Bosphrore, arrivions à Alep où nous faisions escale, ayant couvert depuis notre départ de Paris, en deux jours, 2.350 kilomètres.

« Le 28 avril, nous reprenions notre vol. Ce ne fut pas sans peine. Le terrain était meuble. Trois fois de suite mon appareil s'embarquait dans un cheval de bois, tournant en rond sans que je pusse le redresser. Et, miracle, les pneumatiques qui, généralement, dans les incidents de ce genre, éclatent ou se déjantent, acceptaient de tenir. Au quatrième essai, Besin me criait : « Mon lieutenant, j'en ai assez. Je descends. Je n'ai pas envie de me casser la figure. » Je crois même qu'il employa un autre mot. Enfin, pour un cinquième essai, on m'indiqua un terrain plus dur. Jouant le tout pour le tout, j'y allai au risque de démolir mon avion surchargé. Je décollai enfin après 600 mètres et quoique ne roulant qu'à 50 kilomètres à l'heure, mais il le fallait bien, un ruisseau se trouvant devant moi. L'étape fut dure, à cause des remous provoqués par les tourbillons de sable. Aussi me posais-je avec plaisir à Badgad, après 800 kilomètres seulement, et j'étais reçu par une escadrille anglaise de la façon la plus cordiale.

« Je quittai Bagdad le lendemain, 27 avril. Mauvaise impression : la traversée du Chatt-el-Arab, région marécageuse et inondée, où, en cas de panne, il serait impossible de se poser. J'étais à Bouchir à midi et demi, ayant couvert 860 kilomètres, soit, depuis le départ, plus de 5.000 en quatre jours. Puis, le 28 avril, Bouchir-Bender-Abbas (620 kilomètres). Étape de 3 heures 30, mais au-dessus d'une région triste, désertique, ruinée, faisant penser à l'enfer. L'atterrissage à Bender-Abbas me procura bien du souci : impossible de me poser vent debout, le terrain étant trop en pente et traversé par une ligne téléphonique ; non plus vent arrière, le champ étant trop exigu ; alors, vent de côté. J'y réussis mais c'était risqué ; quelle danse sur ce sol cahoteux ! Et le sable! Ah! le sable ! pour l'empêcher de remplir les réservoirs d'essence il fallut faire le plein en entourant l'appareil de toiles tendues sur des piquets jusqu'à trois mètres du sol. La chaleur commença à nous incommoder atrocement en cet endroit où rien n'est prévu pour se défendre contre elle. Or, comme nous portions nos uniformes et nos vestes de cuir !

« Aussi, avec joie, le 29, nous nous envolions vers les mystères de l'Inde. J'étais joyeux, mais au départ, sur ce terrain exécrable, un pneumatique rendit l'âme ! Inquiétude pour ma prochaine arrivée ! Étape de 7 heures 15. Chaleur intolérable. Enfin, à 13 heures, j'aperçois Karachi. Je réduis ma vitesse le plus possible à cause de mon pneu éclaté. J'atterris vent debout en appuyant sur ma roue intacte et aucun incident ne se produit.

« Nous avions couvert 1.230 kilomètres.

« *Depuis Paris, en six jours, nous avions fait 6 étapes, volé trente-huit heures, à une moyenne de 184 kilomètres à l'heure, et totalisé 7.000 kilomètres.* Aussi allais-je prendre un peu de repos, tandis que Besin changerait le pneu, ferait le plein et reviserait moteur et avion.

« En voulant repartir le 1er mai, je m'apercevais qu'une corde à piano était brisée et qu'un pignon du moteur avait pris du jeu. Besin remplaçait le pignon, les mécaniciens anglais réparaient le fuselage et le travail n'était terminé que le lendemain soir. On s'apercevait alors qu'une pompe à essence fuyait. Démontage, réparation. Besin n'en pouvait plus ! Et les Anglais dans un admirable exemple de solidarité sportive mirent à ma disposition leurs meilleurs spécialistes.

Je ne repartis de Karachi que le 3 mai, à 6 heures 45. Je survolais le désert de Zhar pendant des centaines de kilomètres. Puis c'était une magnifique végétation avec des arbres splendides et de vastes routes. Mais j'allais avoir un autre spectacle à contempler : une légère déchirure à mon plan supérieur ! J'avais encore cinq heures de vol avant d'atteindre Agra. La toile tiendrait-elle ou la déchirure s'agrandirait-elle ? Fort heureusement, la couture ayant été faite avec soin, mon désentoilage ne fut que de 40 centimètres pendant le reste de l'étape, qui dura sept heures pour 1.194 kilomètres.

La réparation nous retint à Agra le lendemain et nous reprenions notre vol, le 5 mai, à destination de Calcutta. Les 1.283 kilomètres étaient parcourus en 6 heures 30. Deux heures après le départ, la déchirure de l'aile se rouvrit, mais l'incident ne me troubla pas. Je commençais à être habitué ! A midi nous étions sous le Tropique. Bientôt j'apercevais Calcutta. Quelle chaleur ! Dans la journée, il y avait 56°, mais quotidiennement vers 17 heures une pluie diluvienne apportait un peu de fraîcheur pour la soirée. N'importe !... Dans le hangar où était remisé mon appareil, Besin trouva six serpents à l'abri ! Les réparations nous retinrent jusqu'au 9 mai où nous décollâmes à 6 heures du matin.

Mauvais passage à absorber en cette matinée. C'est dans cette région que le pilote de l'expédition Blake et son mécanicien eurent une panne au-dessus de la forêt vierge : on ne les retrouva qu'au bout de trois semaines à moitié morts et dévorés par les fourmis et les moustiques. J'aimerais mieux autre chose ! Comble de malchance : en plein vol, un pneumatique éclate. Je survole Moulmane où va commencer la partie inquiétante de l'étape. Et ne voilà-t-il pas que mon thermomètre monte, monte à en éclater ? Il faut atterrir. C'est Rangoon qui se trouve le plus près, à 80 kilomètres de là. Vite, au plus vite vers cette ville. J'y arrive au moment où l'eau de mon radiateur va être à l'ébullition. Le terrain est mauvais, tant pis. C'est un champ de courses d'environ 200 mètres sur 400. Sur une partie un match de football, sur l'autre un troupeau de vaches. Et moi, où vais-je me placer ? Sans oublier mon pneu éclaté ! Ouf ! Tout va bien, la chance est avec moi.

Je n'avais plus que quelques gouttes d'eau, et mon moteur chauffait. Fort heureusement aucune fuite ne s'était produite. La température torride avait dû être cause de la vaporisation. J'avais ajouté 1.215 kilomètres à mon tableau de marche.

Le lendemain, on voulut bien enlever des barrières, afin d'aug-

En haut, Pelletier Doisy lors de son vol Tunis-Paris dans la même journée. Au milieu, Besin, Pelletier Doisy, M. Gaston Doumergue, M. Laurent-Eynac, après le raid Paris-Tokio. — En bas, l'accident du Breguet à Shangaï, dans Paris-Tokio. — A droite, Pelletier Doisy et l'as Borzecki à la chasse aux fauves.

menter les dimensions du terrain. Je partais à 7 heures, et moins d'une demi-heure plus tard je me retrouvais sur Moulmane. C'est alors que j'allais m'élancer au-dessus de la forêt de Birmanie si traîtresse, que j'avais dû éviter la veille. Fort heureusement l'incident de la vaporisation ne s'était pas produit au milieu de la traversée ! Celle-ci dura 300 kilomètres. C'est le survol atroce d'une brousse inextricable, affolante, où seuls les fauves peuvent élire domicile. Quelle mort pour celui qui y tomberait ! Après deux heures d'angoisse, nous poussons un soupir de soulagement. Mais avant d'arriver au-dessus de Bangkok, la vaporisation de la veille se reproduit. Il faut descendre. Nous nous posons à Bangkok, ayant passé la première partie de la forêt vierge. J'aurais préféré en être débarrassé tout de suite !

« La cause de la vaporisation fut enfin trouvée : je constatai qu'un joint de la nourrice d'eau du radiateur fuyait, seulement lorsque le moteur marchait. Là encore l'incident s'était produit juste au bon moment, après la première partie, avant la seconde de la forêt vierge. Nous n'avions fait que 653 kilomètres.

« Enfin, le 11 mai, j'allais atteindre le but de mon ordre de route : Saïgon. La traversée de la forêt tropicale se passa sans trouble. Des orages se succédèrent : et je dus les survoler. Après six heures de vol, j'étais dans la capitale économique de l'Indo-Chine, ayant couvert 820 kilomètres.

« Et, le 12 mai, je m'envolais vers Hanoï, soit 1.300 kilomètres. Le départ fut assez délicat avec ma charge. Je fus gêné par la brume et voyageai à la boussole pendant 200 kilomètres, puis j'aperçus le Mékong, je remontai au nord durant 300 kilomètres, recourus encore à la boussole et franchis la chaine annamitique. Pays dangereux au-dessous de mes ailes, peuplé de Moïs sauvages. A 14 heures 40, j'apercevais Hanoï où je venais me poser au milieu d'une foule enthousiaste.

« Depuis le départ de Paris, j'avais totalisé 13.650 *kilomètres en 12 étapes et en dix-huit jours.* Pendant cinq jours, tandis que Besin mettait mon appareil au point avec le soin méticuleux qui lui est propre, j'étais fêté d'une façon charmante et je recevais les félicitations officielles du Président de la République et des ministres. J'apprenais que j'étais proposé pour le grade de capitaine et que Besin était inscrit au tableau de la Légion d'honneur.

« Nous étions encouragés à mieux faire. Et, le 18 mai, nous repartions pour Canton. Le départ était pénible, le sol étant détrempé et ma charge atteignant 2.400 kilos. La pluie fut du voyage. Partout le pays était inondé. J'arrivai au-dessus de Canton : le terrain d'atterrissage n'avait que 100 mètres de large et 400 de long. Je me posai sans incident. J'allais faire la connaissance de la Chine où j'étais reçu par le dictateur Sun Yat Sen.

« Le 20 mai, départ malgré la pluie. Le terrain était noyé par 5 centimètres d'eau. Je franchis les 1.600 kilomètres me séparant de Shangaï en 9 heures 10, en survolant la côte chinoise pour éviter les nuages de pluie qui nous poursuivaient. Hélas ! une dramatique aventure allait m'arriver. On m'attendait sur l'hippodrome de Shanghaï : les indications sur le terrain étaient défectueuses. Un T d'atterrissage était bien posé, mais un feu brûlant à côté indiquait que le T était mal placé ! Pour comble de malheur, mon moteur avait de mauvaises reprises et je dus descendre de 700 mètres d'altitude, moteur calé !

Il était 4 heures. Je prends la direction qui me semble la meilleure pour me poser. Le sol est marécageux. En le touchant, mes roues soulèvent une gerbe d'eau. Je rencontre un tombeau chinois qui fait faire un bond en l'air à mon avion. Je me repose. Un homme vient à moi en agitant les bras. J'oblique à gauche et j'aperçois un fossé à une vingtaine de mètres de moi. Impossible de l'éviter. Je vois la catastrophe et crie à Besin : « Attention ! » Un choc violent. L'avion cède, penche à gauche, le fuselage se dresse et mon bel oiseau est cassé en deux. Quant à moi, abruti de douleur, en constatant que mon raid était stupidement interrompu, et légèrement étourdi par la commotion, je me retrouvais sur mon siège, mais séparé du reste de mon appareil et presque en équilibre au-dessus du fossé plein d'eau. Toute la faute du drame incombait à un ancien aviateur, chef du cadastre, qui ignorait les principes les plus élémentaires de l'aviation et avait prétendu préparer le terrain de façon impeccable. Or, à côté se trouvait une piste de 40 mètres de large et de 1.600 mètres de tour ! On ôtait les barrières et on avait un aérodrome idéal : mais il fallait s'y connaître pour y penser ! Qu'allais-je faire ? J'étais décidé à rentrer par le bateau en France. Mais l'enthousiasme provoqué par mon raid dans ces régions était tel qu'officiellement on me demanda de continuer vers Tokio. De tous côtés, des avions m'étaient offerts. Le colonel Tsu, commandant l'aviation de Tche-Kiang, engagé volontaire en France pendant la guerre, me proposa un Breguet-XIV 300 chevaux Renault, qui me semblait fort capable de terminer ma randonnée. Évidemment mes étapes seraient moins longues.

« Comme je regrettais mon fringant Breguet-19 Lorraine, qui, d'ailleurs, acheté par les Japonais fut remis complètement en état et devint l'un des meilleurs de leur aviation. Il servit à l'entraînement d'Abe et de Kawachi pour leur raid Tokio-Paris.

« Aux difficultés du vol allaient s'ajouter les incidents politiques Pour faire une mauvaise farce à son ennemi le gouverneur de Shanghaï, le gouverneur de Nankin me refusa le droit d'atterrir sur son territoire, où j'aurais désiré me ravitailler.

« Le 29 mai, nous pouvions repartir. Nous allions faire l'étape la plus pénible de tout le raid en volant de Shanghaï à Pékin, soit 1.310 kilomètres couverts en 8 heures 50. La brume nous escorta d'abord jusqu'à Nankin. Avant Su-Tchow-Fou, émotion : le grand câble de traînée avant droite se rompait. Je poussais néanmoins jusqu'à Su-Tchow-Fou, escale prévue. Besin rattachait le câble, faisait le plein et nous repartions au bout d'une heure trois quarts. Maintenant le soleil était avec nous. Nouvelle escale à Tsi-Nan-Fou pour nous ravitailler. Besin et moi étions exténués et avions toutes les peines du monde à mettre le moteur en marche. Nous n'avions rien absorbé de la journée et pouvions à peine tenir debout. De plus, les Chinois sont généralement petits et les sièges de l'avion avaient été établis en conséquence. Or, pour loger mes jambes, il me fallait faire des acrobaties qui me procuraient des crampes très violentes. Aussi quelle joie lorsqu'apparut Pékin, où la réception fut triomphale. Le Président de la République chinoise me conféra le sabre à trois têtes de lion, réservé aux généraux et aux maréchaux chinois, accordé. pour la première fois à un officier étranger. Bien plus, le général Tchang tint à me donner son sabre personnel.

« Le 2 juin, je partais pour Moukden à 5 heures 20. L'étape était de 750 kilomètres avec escale à Pei-Ta-Ho, plage de la mer Jaune. A midi et demi, nous atteignions Moukden. Imprudemment, je n'avais pas pris de casque colonial et, à 50 kilomètres de l'arrivée, j'eus un coup de soleil sur la nuque qui me fit souffrir terriblement.

« Le lendemain, nous nous envolions à 5 heures à destination d'Heidjo (Corée), soit 562 kilomètres. Une escadrille de cinq avions vint à notre rencontre et, à l'atterrissage, nous fûmes accueillis par la *Marseillaise*, chantée par les écoliers à qui les Missionnaires l'avaient apprise.

« J'espérais atteindre Tokio le jour même. mais des ordres formels avaient été donnés m'obligeant à un long détour, dont 250 kilomètres au-dessus de la mer, pour m'empêcher de passer au-dessus de travaux militaires. Cet incident allait me retarder. Il n'y eut rien à tenter pour faire revenir les autorités sur leur décision.

Le 5 juin, je me rendais à Taïkiu, en 3 heures 15 de vol pour les 375 kilomètres. L'après-midi, j'essayais de m'élancer au-dessus des flots, mais la brume m'obligea au bout de quelques instants à faire demi-tour. Faux départ encore le lendemain, après un vol d'une heure à travers les nuages. Atteindrais-je le but ? D'autant plus que la saison des pluies allait commencer le 9 juin.

Le 8, je repartais, à 6 heures du matin. Je montais à 3.500 mètres. Au moment où je venais d'apercevoir l'île de Tsushima, un banc de brume envahit l'atmosphère. Il n'y avait plus que 150 kilomètres à faire. Je décidai d'insister, quoique sentant la folle imprudence que je faisais, et je naviguai à la boussole. Au bout d'une heure, je piquai à travers les nuages : j'étais au-dessus de la côte japonaise, où il pleuvait à torrents. Je me posai à Hieroshima, juste au moment où tout un groupe de mon moteur venait de s'arrêter. Les deux magnétos du même côté pendaient lamentablement au bout de leurs fils. Elles avaient glissé de leurs plateaux de support, le collier qui les tenait s'étant desserré. Si cet accident s'était produit un instant auparavant, c'était la chute à la mer !

Deux heures après, nous partions pour Osaka où nous arrivions à 15 heures, ayant fait 865 kilomètres dans notre journée.

Le 9 juin enfin, escorté par les deux avions du journal *Asahi*, je quittais Osaka, à 8 heures. Nuages, pluie, brume... mais nous sentions l'écurie ! Je terminai mon voyage à la boussole. A midi, nous survolions le terrain de Tokio. Apothéose, bonheur ! Fini ! »

Ainsi se terminait cet admirable raid de 20.400 kilomètres effectué en cent vingt heures de vol, en quarante-sept jours, dont vingt de vol et représentant une moyenne quotidienne de 434 kilomètres.

L'année 1924 fut marquée par d'autres raids importants, mais aucun ne dépassa celui de Pelletier Doisy et Besin par la vitesse, l'importance des étapes et la tenue du matériel.

Plusieurs tentatives furent faites autour du monde, une seule réussit, celle que patronnait le gouvernement américain. Mais alors que le voyage Paris-Tokio n'avait été l'objet d'aucune organisation spéciale, les États-Unis, depuis de longs mois, préparaient leur expédition, créaient des dépôts de ravitaillement et de rechanges à travers le globe, entretenaient des missions.

Quatre équipages prirent le départ, deux bouclèrent la totalité du circuit, un seul fit tout le voyage, après changement de ses ailes. Pour la première fois furent réussies, avec nombreuses escales, la traversée du Pacifique en hydravion et celle de l'Atlantique de l'est à l'ouest. Mais il est certain que le record de Phileas Fogg fut loin d'être battu !

Les appareils employés, des Douglas-Liberty, pouvaient se transformer d'avion en hydravion selon les besoins. Les équipages étaient ainsi constitués : major Martin, chef de la mission, et sergent Harvey, — lieutenant Lowell H. Smith et Arnold — lieutenants Leigh Wade et Ogden — lieutenants Nelson et Harding. Le départ fut pris de Santa-Monica (Californie) le 17 mars 1924. Le major Martin devait abandonner à la suite d'un accident arrivé le 30 avril : pris dans la brume, il avait brisé son appareil sur une montagne en volant de Chignik à Dutch Harbor. Indemnes, l'officier et Harvey rejoignirent Port-Moller après dix jours de marche. Le commandement de l'escadrille passa à Lowel Smith. C'est le 23 septembre que les aviateurs revinrent à Santa-Monica, ayant couvert 49.560 kilomètres en 175 jours, dont 361 heures 11 de vol, réparties sur 66 jours.

L'aviateur italien Locatelli, dans un essai semblable, partit de Pise et alla jusqu'au large de Terre-Neuve où il dut amérir en panne. Il fut sauvé après trois jours de recherches dans le brouillard. Son hydravion coula. Le parcours réalisé avait été de 5.300 kilomètres du 25 juillet au 2 août.

L'aviateur anglais Mac Laren, montant un hydravion amphibie et accompagné de deux passagers, accomplit la moitié du tour du monde, soit 20.800 kilomètres. Parti de Calshot, le 25 mars, il brisa son appareil à Akyab, le 24 mai, après avoir couvert 9.990 kilomètres. Un avion de rechange lui fut amené de Tokio par un croiseur américain et il repartit le 25 juin. Le 3 août, à Nikolski, dans l'île Keland, après avoir dépassé le Japon, la nouvelle machine fut détruite dans un amérissage.

Signalons enfin, le beau raid Lisbonne-Macao, soit 15.150 kilomètres en 21 étapes, du 2 avril au 2 juin sur Breguet-XIV, des aviateurs portugais commandant de Britto Paes, capitaine Sarmiento de Beires et Gouveia.

Mais aucun ne réussit à approcher même de loin la vitesse obtenue par Pelletier Doisy, qui restait le grand triomphateur de l'année. Cependant il avait été menacé pendant quelque temps par l'Argentin Pedro Zanni qui vola d'Amsterdam à Tokio, lui aussi dans un essai pour le Tour du monde : parti d'Amsterdam le 20 juillet, il arrivait le 19 août à Hanoï où il brisait son avion. Il avait alors couvert 12.485 kilomètres en vingt-quatre jours, dont dix-sept de vol. Il dut attendre un nouvel avion et poursuivit sa randonnée jusqu'à Tokio où il abandonna le 10 octobre.

Dans leur raid Amsterdam-Batavia, les Hollandais Van den Hoop, lieutenant Poelman et Van den Brook eurent la malchance de perdre un mois à Plovdiv à la suite d'un atterrissage qui endommagea leur avion. Ils avaient quitté Amsterdam le 1er octobre et atteignirent Batavia le 24 novembre, ayant parcouru 15.900 kilomètres en cinquante-six jours, dont vingt de vol. Il est à remarquer que les 13.500 derniers kilomètres furent accomplis en vingt-deux jours seulement.

Tous ces essais, tous ces succès ne rendent que plus glorieux le raid Paris-Tokio de Pelletier-Doisy et Besin. Mais il serait injuste de passer sous silence la traversée des États-Unis entre l'aurore et le crépuscule, effectuée par le lieutenant R.-L. Maughan, qui, le 23 juin 1924, quitta New-York à 3 heures (heure occidentale) pour se poser à 21 heures 44 à San-Francisco, ayant totalisé 4.345 kilomètres en 21 heures 44 dont 18 heures 12 de vol.

1925 : DE PLUS EN PLUS LOIN A TRAVERS LE MONDE

L'aviation nous réservait de nouvelles surprises. L'année 1925 allait être marquée par le plus long voyage aérien accompli jusqu'alors. C'était également l'épreuve d'endurance la plus osée, car si les hommes possédaient au plus haut point les qualités morales d'audace et d'intelligence jointes à des moyens physiques surprenants, il fallait encore, pour réussir, disposer d'un matériel susceptible d'être utilisé sans défaillance malgré l'effort prodigieux imposé.

L'équipage était composé du colonel marquis de Pinedo et du mécanicien Campanelli, tous deux Italiens. Il montait un hydravion *Savoia*, muni d'un moteur français Lorraine. Le résultat fut prodigieux puisque le circuit atteignait 55.000 kilomètres à travers les mers et les continents.

La première partie du voyage, Rome-Melbourne, 23.000 kilomètres, fut effectuée en 30 étapes et cent quatre-vingts heures de vol. Le départ fut pris le 20 avril. De la Méditerranée au golfe Persique, le colonel Pinedo survola la Syrie désertique et la Mésopotamie brûlante. Après la mer d'Oman il franchit d'un vol de 1.100 kilomètres les Indes anglaises de Bombay à Cocanada pour aller, après quelques étapes le long du golfe de Bengale, d'Akyab à Rangoon par-dessus les forêts épaisses de Birmanie.

Pour toucher le sol d'Australie, il traversa de Kapany (îles de la Sonde) à Broome un bras de mer de 1.000 kilomètres, sous un ciel inclément sans apercevoir un seul navire. Ces exploits nécessitèrent,

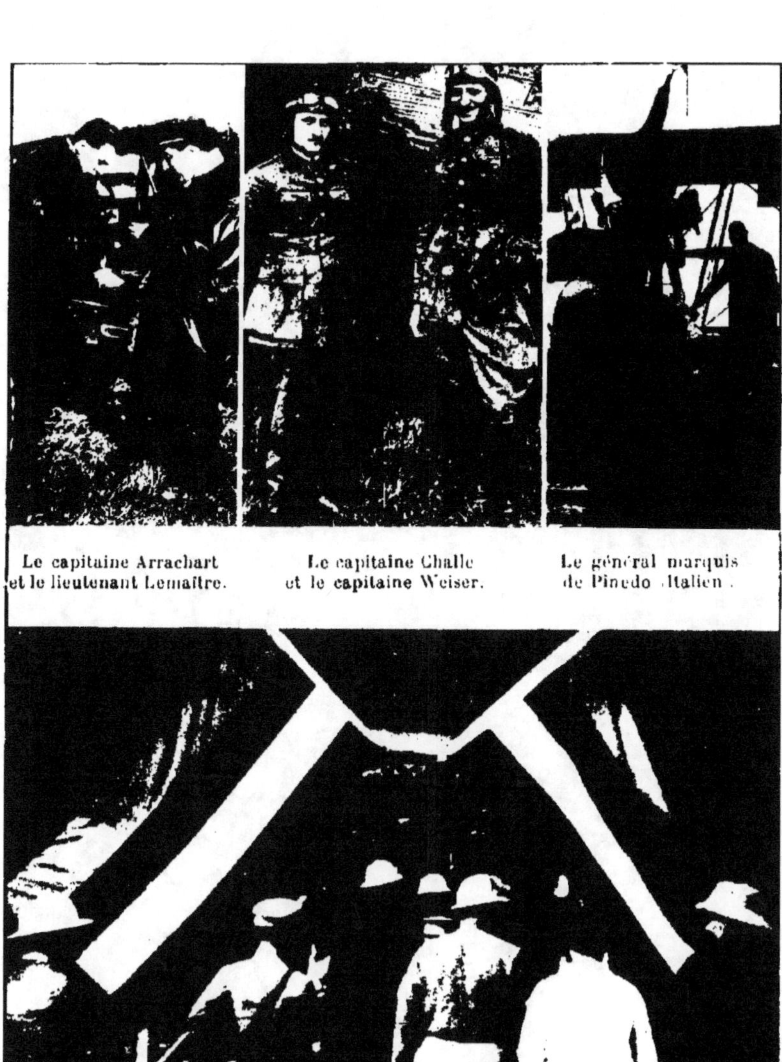

Après son raid historique Paris-Tokio. Pelletier Doisy, avec Carol, réussit le voyage à toute allure de Paris à Pékin. Réception des héros au quartier général de l'aviation à Moukden, où ils furent l'objet d'un accueil enthousiaste de la part des autorités.

on l'imagine, une rare vaillance et maintes difficultés durent être
surmontées.

Dans la mer d'Oman et dans le golfe de Bengale, Pinedo et Campanelli eurent à lutter contre de violents cyclones. Aux iles Mergui,
ils crurent leur raid terminé : ils volaient sans avancer, par une mer
démontée, sur la crête des moussons et, à l'amérissage, leur hydravion
resta en équilibre une aile sous l'eau, pendant une interminable demi-
heure. Leur énergie farouche et le secours d'un Écossais taillé en her-
cule leur permirent de rétablir une situation semblant désespérée.

Le 9 juin, l'équipage arrivait à Melbourne.

La première partie du grand voyage était terminée. Campanelli
procédait à la revision du moteur, le remontait et, après une série de
fêtes, l'équipage s'envolait à nouveau, le 16 juillet. Il se rendait à
Tokio, dont 14.000 kilomètres le séparaient. La distance fut couverte
en cent heures de vol, du 16 juillet au 28 septembre.

A Tokio, par mesure de précaution, Campanelli remplaça le moteur
et, le 17 octobre, le glorieux équipage prit le départ pour la dernière
partie du voyage : Tokio-Rome, soit 18.000 kilomètres qui allaient
être parcourus en cent dix heures de vol.

La randonnée avait été jusqu'alors une épreuve d'endurance et de
régularité. Elle allait devenir un raid de vitesse.

Ayant effectué 5.400 kilomètres en cinq jours, Pinedo atteignait le
23 octobre Bangkok, où il était immobilisé trois jours par les circonstances atmosphériques. Le 27, il reprenait son vol et le 5 novembre se
posait à Tarente après une étape de 1.800 kilomètres. De Tokio à
Rome, il mit exactement dix-huit jours. Le 27 novembre, jour de son
arrivée dans la capitale italienne, fut considéré comme une fête
nationale : l'équipage était digne de cet honneur. N'avait-il pas
accompli le plus formidable exploit jusqu'alors imaginé ? Recordmen
du monde de la plus grande distance parcourue, avec 55.000 kilomètres
en quatre cents heures de vol, le colonel de Pinedo et Campanelli
étaient également recordmen de la vitesse sur le trajet Japon-Italie
par les Indes, soit 19.000 kilomètres en dix-huit jours et en cent
dix heures de vol, résultat que même nul avion n'avait encore
approché.

C'est en 1925, que fut réalisé le premier record du monde de distance en ligne droite. Les héros de cette aventure furent les capitaines
Lemaitre et Arrachart sur Breguet-Renault. Ils étaient partis
d'Étampes, le 3 février à 11 heures 30, avec 2.030 litres d'essence,
leur avion pesant 3.400 kilos, soit 1.100 de plus que la charge normale.

Le lendemain à midi, après un vol de 24 heures 30, ils se posaient à Villa-Cisneros, ayant couvert 3.166 kilomètres 300 à une moyenne de 130 kilomètres à l'heure. Ils avaient l'espoir d'atteindre Dakar, mais des ratés de moteur les empêchaient de réaliser leur rêve. Ils poursuivirent leur route par un long circuit africain se rendant successivement à Dakar, Kayes, Bamako, Tombouctou, Aïn Mezzer, El Golea, Alger, Oran, Fez, Casablanca, Paris. Ils couvrirent 13.000 kilomètres en 91 heures 40 de vol du 3 février au 24 mars.

Lorsqu'ils étaient partis de Tombouctou, le 20 février, ils se rendaient à Adrar. Mais ils prirent une mauvaise piste, s'égarèrent et durent atterrir en plein désert à 20 kilomètres d'Aïn Mezzer, n'ayant plus d'essence. Un pneumatique éclata, une aile fut endommagée. Les deux aviateurs s'en allèrent à pied vers le nord; ils rencontrèrent le lendemain un indigène qui leur procura des chameaux et ils atteignirent El Golea le 26 février. Ils en repartirent le 7 mars, avec des automobiles emportant les pièces et le combustible nécessaires pour dépanner l'avion. Le surlendemain, ils continuaient leur vol.

Arrachart allait bientôt accomplir une nouvelle prouesse, en compagnie de l'ingénieur Carol, sur un Potez-Lorraine. Il effectua un circuit des capitales européennes de 7.420 kilomètres en 61 heures d'absence, dont 38 heures 35 de vol.

La rapidité avec laquelle fut réalisée ce voyage stupéfia le monde : Arrachart et Carol partirent de Villacoublay le lundi matin, 10 août 1925, à 4 heures 45, en plein orage, par un ciel strié d'éclairs. Ils déjeunèrent à Belgrade (1.560 kilomètres en huit heures), dînèrent à Constantinople (840 kilomètres), reprirent leur vol le lendemain à 6 heures pour se rendre à Bucarest (450 kilomètres) et Moscou (1.500 kilomètres), continuèrent le mercredi, quittant Moscou à 3 heures 30 et se posant successivement à Varsovie (1.150 kilomètres), Copenhague (800 kilomètres) et enfin Paris (1.120 kilomètres) où ils atterrirent au milieu de l'enthousiasme à 21 heures 30, à l'heure exacte prévue au départ de Villacoublay par Arrachart.

Nous signalerons encore à l'actif de l'année 1925, le double voyage Tokio-Moscou-Paris des aviateurs japonais Abe et Kawachi (15.410 kilomètres du 25 juillet au 28 septembre). Il convient de remarquer que ces équipages furent retenus à Moscou, pour les formalités diplomatiques, du 23 août au 25 septembre. Les avions étaient des Breguet-Lorraine. Ce raid était le premier d'Extrême-Orient vers l'Europe.

Le regretté pilote Thieffry, ancien as des as de l'aviation belge, qui devait se tuer au Congo en 1929, réalisa avec Roger et de Bruycker la première liaison aérienne entre Bruxelles et le Congo belge. Parti le 12 février de Bruxelles, il se posa à Léopoldville le 3 avril, ayant couvert 8.124 kilomètres en cinquante et un jours dont seize de vol.

Le colonel polonais Ludomir Raysky et le mécanicien Kubiak sur Breguet-Lorraine, du 16 au 21 septembre, volait de Paris à Madrid, Casablanca, Tunis, Athènes, Constantinople, Bucarest et Varsovie, soit 7.850 kilomètres en 7 étapes, en sept jours de vol consécutifs et en quarante-sept heures de vol.

1926 : LA LUTTE POUR LE RECORD DE DISTANCE

C'est désormais la lutte pour le record de distance en ligne droite, doté d'une prime annuelle destinée à celui qui, au 31 décembre, aura obtenu le meilleur résultat. Sept tentatives furent faites au cours de 1926, dont quatre couronnées de succès :

26-27 juin. — Le capitaine Ludovic Arrachart et l'adjudant Paul Arrachart volent de Paris à Bassorah, 4.305 kilomètres en 26 heures 25, sur Potez-Renault.

14-15 juillet. — Le capitaine Girier et le lieutenant Dordilly se rendent de Paris à Omsk, 4.715 kilomètres 900 en vingt-sept heures, sur Breguet-Hispano-Suiza (retour le 28 juillet, avec une étape de 2.650 kilomètres sans escale de Moscou à Paris).

31 août-1er septembre. — Le lieutenant Challe et le capitaine Weiser vont de Paris à Bender-Abbas, 5.174 kilomètres en trente heures (retour par la voie aérienne du 5 au 18 septembre) sur Breguet-Farman.

28-29 octobre. — D. Costes et le capitaine Rignot volent de Paris à Djask, 5.396 kilomètres en trente-deux heures, sur Breguet-Hispano-Suiza.

Costes avait déjà fait un essai avec le lieutenant de Vitrolles, les 26 et 27 septembre. Il avait volé jusqu'à Daran, près d'Assouan, couvrant 4.100 kilomètres en vingt-cinq heures. Il était rentré par la voie des airs.

Lors de son record avec Rignot, il poursuivit sa route jusqu'à Calcutta et revint à Paris le 11 novembre, ayant couvert du 1er au 11, 13.475 kilomètres, soit au total, depuis le 28 octobre, 19.000 kilomètres en cent huit heures de vol. Ce qui rendait cet exploit encore plus intéressant, c'est que l'avion était celui qui avait déjà fait Paris-Omsk et retour, Paris-Assouan et retour, et qui allait accomplir l'année suivante le fameux raid autour du monde avec Costes et Le Brix.

Ces performances ne doivent pas nous faire oublier d'autres voyages remarquables sur lesquels nous ne donnerons que peu de détails, leur abondance devenant telle que nous dépasserions les limites de cet ouvrage, si nous insistions.

Nous nous contenterons de donner la liste chronologique des plus belles randonnées :

Afin de réaliser une liaison rapide entre Bruxelles et le Congo belge, les lieutenants Medaets, Verhaegen et l'adjudant Coppens, sur avion Breguet-Hispano, quittèrent Bruxelles le 19 mars et arrivèrent à Kinshasa (Léopoldville) le 21 mars, ayant couvert les 8.945 kilomètres en 47 heures 39 de vol, en 7 étapes et en 12 jours au total. Ils reprirent leur vol le 30 mars pour se poser à Bruxelles le 12 avril, après 52 heures 52 de vol, 7 étapes, 18 jours. Les 17.890 kilomètres furent accomplis en 100 heures 31 de vol, avec 14 étapes seulement et en 35 jours d'absence.

Deux aviateurs danois entreprirent le raid Copenhague-Tokio et retour : le lieutenant Botved avec le sous-lieutenant Petersen et le lieutenant Herschend avec le sous-lieutenant Olsen. Ils s'envolèrent le 16 mars. Le 3 avril, Herschend capota dans une rizière près de Rangoon. Botved vint de Rangoon pour le secourir et perdit de ce fait cinq jours. Herschend ne put continuer et dut faire réparer son appareil à Bangkok d'où, du 10 mai au 5 juin, il revint à Copenhague.

Botved poursuivit son voyage : le 17 avril, à Ninghaï, au sud de Shangaï, ayant été obligé d'atterrir par suite du vent debout, il vit piller son appareil par des brigands chinois qui volèrent ses instruments de bord, ses rechanges et ses bagages (perte de six jours); puis, à Jaoutching, entre Shangaï et Pékin, il dut remplacer son moteur (perte de vingt-neuf jours). Il arrivait enfin à Tokio, le 1er juin, après avoir parcouru 20.000 kilomètres.

Le retour allait être accompli à grande allure, par la Sibérie : Botved partait de Tokio le 15 juin et se posait à Copenhague le 23, ayant couvert 10.395 kilomètres en soixante-douze heures de vol et en neuf jours. Il avait totalisé 30.400 kilomètres.

Un raid espagnol de Madrid à Manille fut entrepris par les capitaines Gallarza, Loriga et Estevez, chacun sur Breguet-Lorraine. Départ de Madrid, le 5 avril, arrivée à Manille le 13 mai, soit 17.050 kilomètres en 16 étapes et 111 heures 50 de vol. Seuls Gallarza et Loriga se posèrent à Manille, encore Loriga était-il devenu le passager de Gallarza, son avion ayant été détérioré par les balles chinoises.

Quant à Estevez, obligé de se poser dans le désert de Syrie, le 11 avril, il ne fut retrouvé que le 17, épuisé par la faim et la soif.

Pelletier Doisy veut recommencer ses immenses randonnées et émerveiller à nouveau la foule. Mais qu'entreprendre pour faire mieux que Paris-Tokio ? Pas plus que le courage, les idées ne lui manquent.

L'année 1926 sera peut-être la plus glorieuse de toutes celles de ce roi de l'espace. Il va se rendre à Pékin de la façon la plus rapide, en une semaine, espère-t-il. Il fait une tentative à bord d'un appareil avec lequel il atteint Varsovie sans escale. Mais là, un capotage dans une tranchée de mitrailleuses brise son avion. En deux ans notre grand champion était victime par deux fois de la traîtrise des terrains étrangers : après Shangaï, hélas, après Varsovie, holà !

Vite, Pelletier Doisy et son passager l'ingénieur Carol, revinrent à Paris et on leur confia un appareil d'une autre marque : un Breguet-19-Lorraine, comme celui de Paris-Shangaï. Sans même attendre le beau temps, ils partirent le 11 juin :

11 *juin.* — Paris-Varsovie, 1.525 kilomètres.

12 *juin.* — Varsovie-Moscou, 1.150 kilomètres.

13 *juin.* — Moscou-Kourgan, 1.930 kilomètres.

14 *juin.* — Kourgan-Krasnoiarsk, 1.750 kilomètres.

15 *juin.* — Krasnoiarsk-Irkoutsk 1.000 kilomètres.

16 *juin.* — Irkoutsk-Tchita, 750 kilomètres.

17 *juin.* — Tchita-Moukden, 1.150 kilomètres.

— — Moukden-Pékin, 750 kilomètres.

Ainsi furent couverts 10.000 kilomètres en six jours et dix-huit heures, à une moyenne de près de 1.500 kilomètres par jour, et à une vitesse de 160 kilomètres à l'heure.

Pour revenir non pas de Pékin, mais de Moukden, où ils étaient allés par la voie des airs, les as français mirent, par le Transsibérien, près de trois semaines. Comparez et concluez !

« En 1924, nous déclara Pelletier d'Oisy à son retour, j'avais volé de Paris à Tokio à une moyenne de 434 kilomètres par jour. En 1926, j'ai fait Paris-Pékin (10.000 kilomètres) en six jours et dix-huit heures, soit 1.500 kilomètres quotidiens. Tel doit être, selon moi, l'enseignement du raid. Il n'est pas à dédaigner. »

Quelques semaines après, le héros recommençait à provoquer l'enthousiasme.

Sur un Potez-25-Lorraine, cette fois, il prenait son vol avec son ami Gonin, grand as du bombardement pendant la guerre. Il s'agissait encore d'une performance d'endurance, destinée à montrer toutes les possibilités de l'avion dans les transports rapides de pays à pays. Ce voyage ne durait que deux jours, mais que de chemin parcouru en ce court laps de temps :

24 *août*. — Paris-Rome, 1.150 kilomètres. Rome-Tunis, 1.100 kilomètres. Tunis-Casablanca, 1.750 kilomètres.

25 *août*. — Casablanca-Bordeaux, 1.475 kilomètres. Bordeaux-le-Bourget, 525 kilomètres, soit 6.000 kilomètres en 35 heures de vol et en 11 heures 50 d'absence.

L'Angleterre mit à son actif deux magnifiques performances accomplies toutes deux par son grand champion Sir Alan Cobham : du 16 novembre 1925 au 17 février 1926, il avait volé de Londres au Cap, soit 13.074 kilomètres. Il en repartit le 25 pour être le 13 mars à Londres, ayant ajouté 12.842 kilomètres à sa totalisation.

Il s'envolait le 30 juin pour l'Australie et rentrait le 1er octobre. Au cours du voyage, le mécanicien Elliott était tué aux environs de Bassorah par une balle tirée du sol par un arabe dissident. Cobham se posa à Melbourne le 15 août, ayant parcouru 22.190 kilomètres. Le retour se fit du 2 août au 1er octobre pour les 20.810 kilomètres, du trajet. Donc 43.000 kilomètres furent couverts en 94 jours, dont 51 de vol. Il y eut 68 étapes en 326 heures de vol. L'appareil employé était un hydravion.

Autre exploit de valeur : le capitaine polonais Orlinski, et le sergent mécanicien Kubiak, en moins d'un mois, vont accomplir le voyage Varsovie-Tokio Varsovie, soit 20.700 kilomètres. L'aller fut effectué en 10 jours, dont 7 journées de vol, le retour en 14 jours dont 10 de vol. Au total, 120 heures 50 de vol. Cette prouesse fut réussie sur l'avion Breguet-Lorraine ayant servi au colonel Raysky, en 1925, pour son circuit de 7.850 kilomètres en sept jours.

Parti de Varsovie le 25 août, Orlinski y était de retour le 25 septembre, après avoir passé cinq jours à Tokio.

Le 16 septembre, par suite d'une fuite de la tuyanterie d'huile, il dut atterrir à l'improviste au cours de l'étape Heidjo-Tchita. Il se pose à Byrka, à 280 kilomètres de Tchita. Malheureusement au moment où il touche le sol, un coup de vent violent déporte l'appareil qui va s'abimer contre la barrière d'une chaumière de paysan.

Le plan inférieur gauche est cassé au ras du mât de cellule. Impossible de continuer dans ces conditions. Il va falloir abandonner. Le triomphe se transforme en échec. Non, cent fois non, il n'en sera pas ainsi. Orlinski ne veut pas se décourager. Il réfléchit. Pourquoi Kubiak et lui n'essaieraient-ils pas, malgré le manque de moyens, de

En haut, Arrachart et Carol à Bucarest, dans leur Circuit des Capitales. — Au milieu, l'arrivée des Japonais Abe et Kawachi, chacun sur un Breguet, dans le raid Tokio-Paris. — En bas, le Breguet des Polonais Orlinski et Kubiak, au plan inférieur amputé, dans Varsovie-Tokio et retour.

tenter ce qui semble irréalisable ? Aidé par des femmes polonaises, ils recousent l'entoilage du plan inférieur après l'avoir amputé de la partie brisée. Et, pour conserver à l'appareil son équilibre en vol sans abîmer la structure de l'autre aile restée intacte, ils désentoilent le plan inférieur gauche, sur toute la partie correspondant à celle enlevée sur l'aile opposée. Quant au plan supérieur, également endommagé, il est remis en état par des moyens de fortune. Le Breguet-Lorraine est privé de 5 à 6 mètres carrés de surface portante, mais il est prêt à repartir. Et, trois jours après l'accident, Orlinski et Kubiak reprennent leur vol, le 19 septembre. Le 25, ils arrivaient à Varsovie. Non seulement l'un des plus beaux raids de l'aviation avait été accompli, mais jamais encore semblable vol n'avait été réalisé par un avion mutilé, amputé, déchiqueté sur une bonne partie de ses ailes.

Il convient de signaler un beau voyage de l'aviateur Russe Gromoff qui, du 31 août au 2 septembre, réussit le circuit Moscou-Königsberg-Berlin-le Bourget-Rome-Vienne-Varsovie-Moscou, soit 7.000 kilomètres en 63 heures 15, dont 34 heures 22 de vol. Le premier jour, 2.522 kilomètres furent couverts, le second 2.050 et le troisième 1.938.

L'année devait se terminer par un exploit fort important de l'hydraviation française. Pour la première fois un appareil aérien allait se rendre à Madagascar. Le lieutenant de vaisseau Bernard et le maître principal Bougault partis de l'étang de Berre, le 12 octobre, amérissaient à Tananarive le 4 décembre. Ils repartaient le 7 décembre et terminaient leur randonnée, le 14 janvier 1927, à Paris. Ils avaient totalisé 27.640 kilomètres en 46 étapes. Ils montaient un hydravion Lioré-Olivier à moteur Gnome-Rhône-Jupiter.

1927 : L'ANNÉE DES TRAVERSÉES

Chaque année porte une empreinte en aviation. Nous avons eu celle du Tour du monde, et de Paris-Tokio, du Pôle Nord, des triomphes de nos ailes, 1927 fut celle des traversées. Nous les étudierons plus loin. Mais en dehors des duels livrés à l'Atlantique et au Pacifique, d'autres voyages furent effectués sur lesquels il est indispensable d'attirer l'attention.

D'abord, les vols en vue du record du monde de distance en ligne droite que détenaient au début de l'année, Costes et le commandant Rignot avec 5.396 kilomètres :

20-21 *mai*. — Les lieutenants anglais Carr et Gilman partent de

Carnwell et doivent amérir dans le détroit d'Ormuz, au sud de Bender-Abbas. 5.500 kilomètres en 34 heures 37.

20-21 *mai*. — Lindbergh, New-York-Paris, sur avion Ryan, moteur Wright-Whirlwind 220 chevaux. 5.809 kilomètres en 33 heures 30.

4-5 *juin*. — Costes et le commandant Rignot, sur Breguet-Hispano, Paris-Nijni-Tagilsk (Oural). 4.500 kilomètres en 29 heures 30.

4-6 *juin*. — Chamberlin et Levine, sur avion Bellanca-Wright 220 chevaux, New-York-Helfta, 6.294 kilomètres en 41 heures 56.

Dans l'année, 898 kilomètres ont donc été ajoutés au record du monde de distance en ligne droite. Signalons en outre le voyage du commandant Dagnaux et du caporal Dufert de Paris à Madagascar sur avion terrestre Breguet-Renault. Les 12.405 kilomètres du parcours furent couverts du 28 novembre 1926 au 10 février 1927 : la traversée du désert (1.400 kilomètres) fut faite sans escale et, pour la première fois, le lac Tchad fut survolé.

Du 20 avril au 8 mai, le capitaine Sondermayer et le lieutenant Baydak, de l'aviation yougoslave, sur Potez-Lorraine, volent de **Paris** à **Bombay**, où ils se posent le 27 avril et rentrent à **Belgrade** ayant volé 14.060 kilomètres en dix-huit jours.

Le capitaine australien Kingsford Smith et Ch. Ulm effectuent les 13.000 kilomètres du tour de l'Australie du 19 au 29 juin.

Du 1er au 28 septembre, sur une avionnette Moth-Cirrus 80 chevaux, le lieutenant Bentley se rend de Londres au Cap, soit 13.020 kilomètres, alors qu'en 1926, avec un moteur de 400 chevaux, Alan Cobham mit quatre-vingt-quatorze jours.

Le lieutenant Girardot et le capitaine Cornillon, sur Breguet-Lorraine, accomplissent du 13 au 16 septembre, le circuit Paris-Bucarest-Beyrouth-Bucarest-Paris, représentant 7.020 kilomètres, en trois jours et demi.

Au même moment, 13-19 septembre, l'infatigable Pelletier Doisy, Gonin et Vigroux, sur S. E. C. M.-Lorraine effectuaient en six jours et demi le tour de la Méditerranée : Paris-Vienne-Bucarest-Rayak-**Le Caire**-Benghasi-Tunis-Casablanca-Paris, soit 10.850 kilomètres.

Le 1er octobre, le lieutenant Koppen, Fryns et Ellman, Hollandais, sur Fokker-trimoteur, s'envolaient d'Amsterdam pour Batavia, où ils se posaient le 10 octobre, ils en repartaient le 28 et atterrissaient à Amsterdam le 28, ayant mis 154 heures 15 de vol pour franchir les 27.805 kilomètres.

Le capitaine Challe et le mécanicien Rapin réussissaient enfin une belle liaison Paris-Saïgon, sur Potez-Lorraine, du 11 au 20 octobre, mettant moins de dix jours pour les 11.630 kilomètres du parcours.

1928 : L'ANNÉE DE COSTES ET LE BRIX

Si l'année 1924 fut celle de Pelletier Doisy et l'année 1927 celle de Lindbergh, on peut dire que 1928 fut celle de Costes et Le Brix. La prouesse de ces héros sera rappelée dans le prochain chapitre, ainsi qu'une autre qui semble dépasser en audace tout ce qui avait été jusqu'alors tenté : la traversée de l'Océan Pacifique en trois étapes par Kingsford Smith.

Pour être juste et impartial, il faudrait donc dire que 1928 fut l'année de Costes, Le Brix et de Kingsford Smith.

L'aviation française fut calme, trop calme.

Toutefois, les capitaines Cornillon, Girardot, Rey et le mécanicien Vigroux, sur S. E. C. M.-Lorraine, accomplirent un raid splendide qui, malheureusement, fait au moment où Costes et le Brix enthousiasmaient le monde entier avec leur vertigineuse randonnée de Tokio à Paris, n'obtint pas le retentissement qu'il méritait.

Le 3 avril, à 2 heures 45, l'équipage quittait le Bourget et allait se poser à Colomb-Béchar à 14 heures 20 (2.100 kilomètres en 10 heures 35); le même jour il partait pour Tombouctou où il arrivait, le 4 avril, à 5 heures (1.700 kilomètres en 9 heures), il se rendait ensuite à Bamayo (700 kilomètres en 4 heures 30) d'où il s'envolait, le 5 avril, à 3 heures 10 pour Dakar (1.000 kilomètres en 7 heures 50); départ à minuit, le 6 avril, arrivée à Port-Étienne à 8 heures (750 kilomètres en 7 heures); étape Port-Étienne-Casablanca (1.750 kilomètres en 12 heures 30); enfin le 7 avril, à 2 heures 50, dernier essor pour atteindre Paris à 14 heures 40 (1.900 kilomètres en 11 heures 50).

Ainsi 9.900 kilomètres avaient été totalisés en 62 heures 35 de vol, et en 83 heures 59 d'absence. En trois jours et demi, 21 heures 15 de repos seulement ! Une moyenne de plus de 2.850 kilomètres par jour avait été obtenue, résultat jamais encore atteint, mais qu'était en train de dépasser l'équipage Costes et Le Brix.

« Raid extraordinaire, admirable, magnifique, » avait déclaré Pelletier Doisy. « On n'en parlera jamais assez, » avait ajouté Sadi-Lecointe : sept jours après, beaucoup l'avaient oublié. Costes et le Brix étaient passés. Ainsi va le progrès qui, fatalement, engendre l'injustice.

Le lieutenant Lassalle et l'adjudant chef Duroyon réussissaient aussi une belle performance : du 7 au 12 juillet, ils volaient de Paris à

Oslo (1.700 kilomètres) et en revenaient le lendemain. Le 9, ils accomplissaient Paris-Madrid-Paris (2.200 kilomètres), le 10, Paris-Varsovie-Paris (2.700 kilomètres), le 11, Paris-Rome-Paris (2.400 kilomètres), le 12 Paris-Lisbonne-Paris (3.000 kilomètres). En cinq jours et demi, sur un Potez-Lorraine, ils avaient couvert 13.700 kilomètres, avec une moyenne quotidienne de 2.285 kilomètres.

Deux prouesses britanniques allaient prouver les possibilités de l'aviation légère.

L'aviateur Australien H. J. L. Hinckler avait fait le pari de battre le record de vitesse détenu par Sir Ross Smith, sir Keith Smith, les sergents Bennett et Shiers sur le parcours Londres-Port-Darwin. Il était de vingt-huit jours pour les 17.000 kilomètres. Dans sa tentative, Sir Alan Cobham avait mis dix jours de plus que ses glorieux devanciers.

Le pari de H. J. L. Hinckler était original : le pilote avait rédigé un contrat d'assurance de 150 livres avec la Lloyd, mais ce prix devait être réduit du montant d'une prime augmentant de façon considérable d'après le nombre de jours mis à accomplir le raid en dessous du record. Celui-ci étant de vingt-huit jours, si Hinckler mettait vingt-sept jours pour se rendre en Australie, il recevait une livre ; vingt-six jours deux livres ; vingt-cinq jours, quatre livres, et ainsi de suite. Cette progression arithmétique lui rapporta 2.048 livres, car il ne mit que seize jours pour atteindre Port-Darwin.

Le 7 février, il quittait Croydon à 6 heures 48, sur son avionnette de 30 chevaux seulement. Il allait se poser à Rome (1.770 kilomètres). Il faisait chaque jour une étape : la moindre était de 700 kilomètres, la plus importante de 1.770. Le 22 février, il se posait à Port-Darwin, ayant volé cent trente-quatre heures, à une moyenne horaire de 130 kilomètres. En comptant les frais d'essence, le voyage n'avait pas coûté plus de 5.000 francs.

D'autre part, du 29 juillet au 12 août, soit en quinze jours, l'Anglais Murdock réussit à voler de Londres au Cap, battant le record établi l'année précédente par son compatriote Bentley, qui avait mis vingt-huit jours pour les 13.020 kilomètres.

Enfin, le record du monde du vol sans escale en ligne droite était à nouveau battu. Le capitaine Arthur Ferrarin et le major del Prete, tous deux Italiens, se rendaient de Rome à Port-Natal, couvrant 7.136 kilomètres et battant de près de 1.000 kilomètres le record de Chamberlin et Levine (6.294 kilomètres).

1929 : HONNEUR AUX AVIATRICES

L'année 1929 débutait par une performance tout au moins originale. Les États-Unis battaient le record de durée avec ravitaillement en plein vol en tenant l'air du 1ᵉʳ au 7 janvier, soit pendant 150 heures 48. Tandis que l'appareil du record, le *Question-Mark* — Fokker tri-moteur Wright-Whirlwind — évoluait dans l'espace, un autre venait régulière ment le rejoindre, se plaçait au-dessus de lui à la même vitesse et laissait pendre un long tuyau saisi au passage par un mécanicien de l'avion inférieur. Ce mécanicien plaçait l'extrémité du tuyau dans le réservoir à remplir.

Ces manœuvres nécessitent une grande habileté, un synchronisme complet, et il ne semble pas qu'elles aient pour l'avenir une destinée pratique, quoique des équipages veuillent tenter le tour du monde sans escale en recourant à ce procédé.

L'équipage qui montait le *Question-Mark* comprenait le major Carl Spatz, commandant, les capitaines Eaker et Thomas, le lieutenant Quesada, et le sergent Hove. Le capitaine Hoyt pilotait l'avion ravitailleur.

Constructeur et équipage espéraient que le retour au sol ne s'effectuerait pas avant trois cents heures. Les pilotes se relayant toutes les six heures et disposant de couchettes à bord, recevant des vivres par le même procédé de ravitaillement que l'essence, pouvaient tenir sans grande difficulté, mais les moteurs faiblirent et provoquèrent l'atterrissage. La performance battait le record établi par les pilotes belges Crooy et Grœnen, en juin 1928, par un vol de 60 heures 7.

Le 19 mai, deux jeunes Américains Robbins et Kelly, pour attirer l'attention et, si possible, la fortune sur eux, s'attaquaient, sur un vieil avion, au record du *Question-Mark* et parvenaient à tenir l'air jusqu'au 28 mai, pendant 172 heures 34. Les Américains Newcomb et Mitchell en juillet, tenaient l'air 177 heures 6 minutes 30 secondes. Puis leurs compatriotes Mendell et Reinhart, le même mois, du 2 au 12, séjournaient 246 heures 43 minutes dans l'espace. Le record dépassait ensuite 400 heures.

Ce qui est regrettable c'est que, dans ces sortes de performances, la distance couverte n'est pas enregistrée. On doit en conclure que l'avion vole au ralenti, afin de tenir le plus longtemps possible.

Autrement intéressante est la performance accomplie par une aviatrice Anglaise, lady Bailey, qui, sur avionnette Moth, 80 chevaux, seule à bord, vola de Londres au Cap et retour soit 30.000 kilomètres.

C'est en 1926 que lady Bailey — quadragénaire, selon son propre aveu, — apprit à piloter et passa son brevet. Aussitôt après, elle prit part à tous les meetings, à toutes les épreuves où, fréquemment, elle remporta la victoire, battant des champions de grande classe. Elle s'attribua le record du monde féminin d'altitude en 1927, en s'élevant à 5.500 mètres. Par la suite, sa rivale lady Heath monta à 7.800 mètres, le 4 octobre 1928.

Voulant aller retrouver son mari, Sir Abel Bailey, au Cap, l'aviatrice désira le faire par un moyen original. Elle fit ses adieux à ces cinq enfants et, le 9 mars 1928, s'envolait de Croydon, sous les sourires des connaisseurs qui, quoique en admiration devant tant d'audace, ne pouvaient pas croire qu'une femme pourrait vaincre les difficultés et obstacles qu'elle ne manquerait pas de rencontrer dans un voyage aussi long et aussi scabreux.

La première étape fut fâcheuse : lady Bailey s'égara et dut atterrir pour demander sa route afin d'atteindre le Bourget. Sa carte, en effet, ne portait pas le Nord de la France. Déjà les jaloux pensaient que la courageuse femme n'irait pas loin. Or, dix jours après elle était au Caire. Là, elle était retardée par les autorités prudentes qui ne voulaient pas la laisser partir sans escorte au-dessus du Soudan. Que faire ? Fort heureusement, l'aviateur Bentley faisait son voyage de noce en avionnette dans la région. Lady Bailey lui demanda aide et assistance. Il accepta de l'escorter et devait par la suite être aussi le chevalier servant de Lady Heath qui, partie du Cap, rentrait en Angleterre, également en avionnette.

Après un repos forcé de huit jours, Lady Bailey repartait le 27 mars. Le 9 avril, en arrivant à Tabora, par une tempête de sable, elle brisait son appareil, mais était indemne.

Elle se trouvait dans la partie occidentale du territoire de Tanganyka. Les Anglais lui envoyèrent un avion militaire qu'elle pilota jusqu'au Cap. Elle perdit douze jours par suite de son bris d'avion. Et, le 30 avril, au milieu d'un accueil enthousiaste, elle atterrissait au Cap, n'ayant mis que cinquante et un jours, malgré vingt jours perdus au Caire et à Tabora, pour les 44 étapes du parcours de 15.000 kilomètres.

Elle attendait une nouvelle avionnette pour continuer, faisait de longs voyages dans l'Afrique du Sud, visitant la Rhodésie, le Natal, le Transvaal, puis songeait à regagner sa patrie afin de passer, espérait-elle, les fêtes de Christmas à Londres avec ses enfants.

En haut, Duroyon et Lasalle, lors de leur raid de 18.000 kilomètres en étoile, sur Potez, sont reçus à Madrid. — Au milieu, Bert Hinckler, héros de Londres-Port-Darwin en 16 jours. — Lady Bailey, qui vola de Londres au Cap et retour. — En bas, Reginensi, Bailly et Marsot, après Paris-Saïgon et retour, sur Farman-Titan.

On pouvait croire que, connaissant la vallée du Nil et le Soudan, elle choisirait de préférence cet itinéraire. Elle décida au contraire de passer par le Congo et l'Afrique occidentale Française. Partie de Prétoria le 21 septembre, elle séjournait quelques jours à Elisabeth-ville, puis dix-huit jours à Léopoldville. Le 27 octobre, elle arrivait à Sokoto. Elle voulait traverser le Sahara, mais ce sont les autorités françaises, cette fois, qui s'y opposaient comme l'avait fait le gouvernement anglais pour le Soudan. Elle dut se contenter de suivre la côte occidentale. Le 19 décembre, elle était à Dakar, le 29 à Casablanca, le 6 janvier à Paris, où le mauvais temps la retenait une semaine. C'est le 16 janvier qu'elle arrivait à Croydon.

Lady Bailey avait prouvé une fois de plus qu'une avionnette sûre et bien construite peut aller partout, plus vite, plus agréablement et plus économiquement que n'importe quel autre moyen de locomotion.

Deux essais pour le record de distance en ligne droite étaient faits au printemps. Les performances accomplies quoique très belles, ne battaient pas celle de Ferrarin et Del Prete (7.136 kilomètres) :

24-26 mars. — Séville-Bahia, 6.700 kilomètres en quarante-quatre heures, par les aviateurs espagnols Jimenez Martin et Iglesias, réussissant la traversée de l'Atlantique Sud, sur Breguet-Hispano-Suiza.

24-26 avril. — Carnwell (Angleterre)-Karachi, par le commandant anglais Jones Williams et le lieutenant Jenkins, couvrant 6.650 kilomètres en 50 heures 38 minutes.

Enfin, l'aviation française allait se ressaisir. Après un beau voyage d'étude, pour l'organisation de la ligne France-Madagascar, de la mission P.-L. Richard, Lalouette et Cordonnier, qui, sur Farman-Titan-Gnome-Rhône 230 chevaux avait totalisé 15.000 kilomètres et traversé deux fois le Sahara, dont une fois sans escale, un jeune équipage partit modestement, simplement et accomplit l'un des plus magnifiques raids réussis par un triplace.

Bailly, Reginensi et Marsot quittèrent Paris, le 26 mars et arrivèrent à Saïgon le 5 avril. Ils en repartirent le 12 et atterrirent à Paris le 20, ayant couvert 23.900 kilomètres en dix-huit jours et en cent quatre-vingt heures de vol, sur un avion Farman dont le moteur Titan-Gnome-Rhône ne développait que 230 chevaux sans réservoirs supplémentaires. C'était un voyage de tourisme extra-rapide qui démontrait une fois de plus les possibilités de l'aviation de moyenne puissance.

Depuis la traversée de l'Atlantique par Lindbergh, on commençait à comprendre qu'avoir confiance exclusivement dans les moteurs de

500 et 600 chevaux était faire fausse route et que, comme pour l'automobile, on pouvait obtenir de meilleurs résultats à tous les points de vue avec des puissances inférieures.

Du 25 juin au 10 juillet, les Australiens Kingsford Smith et Ulm, héros du Pacifique, accompagnés de Lichtfield et Williams volaient de Sydney à Londres, soit plus de 20.000 kilomètres en moins de quinze jours, exploit remarquable.

Une aviatrice française allait attirer l'attention sur elle : Mlle Léna Bernstein, les 19 et 20 août, après un vol de vingt heures au-dessus de la mer, couvrait plus de 2.250 kilomètres sans escale de Saint-Raphaël à Sidi-el-Barrani, près d'Alexandrie. Pour la première fois, la Méditerranée avait été franchie par un avion léger de 40 ch. seulement, un Caudron-Salmson. C'était de loin le record du monde féminin.

CHAPITRE II

Les grandes traversées.

La Manche avait été traversée par le Français Louis Blériot le 25 juillet 1909 (38 kilomètres) ; le 23 septembre 1913, l'immortel Roland Garros s'était envolé de Saint-Raphaël et avait atterri à Bizerte, franchissant les 760 kilomètres de la Méditerranée.

Il fallait attendre six ans avant que l'Atlantique fût vaincu et c'est en 1927, les 20 et 21 mai, que, pour la première fois, un oiseau humain envolé de New-York, venait se poser à Paris : c'était l'incomparable américain Lindbergh.

Ceux qui s'attaquèrent les premiers à la conquête de l'Atlantique furent également des Américains.

En 1919, une expédition de trois hydravions fut organisée par le gouvernement des États-Unis : les appareils étaient des Curtiss géants, pouvant emporter 8.500 litres d'essence pour alimenter leurs quatre moteurs Liberty. Dans la nacelle de 15 mètres de long pouvaient prendre place six passagers. Sur l'Océan, tous les 80 kilomètres avaient été placés des navires, constituant une sorte de pont. Plus de soixante bateaux, avec des projecteurs, la nuit, des bombes à fumées épaisses, le jour, jalonnaient la route.

Le 9 mai 1919, les trois appareils (N. C. 1. — N. C. 3. — N. C. 4) s'envolaient de Rockaway-Beach, sur la côte américaine, vers Terre-Neuve d'où devait être pris le départ pour la traversée.

Le 16 mai, à 22 heures 10, l'aventure commençait : les hydravions allaient tenter d'atteindre les Açores, soit 1.850 kilomètres. A cette époque le record du voyage en ligne droite appartenait au capitaine Anselme Marchal, par son voyage Nancy-Cholm au cours duquel il avait survolé Berlin pendant la guerre. La distance était de 1.380 kilomètres.

Le N. C. 1 avait une panne à 300 kilomètres de l'île Fayal, le N. C. 3 était obligé d'amérir à 100 kilomètres de l'île Pico. Ils étaient rapidement secourus : le premier dut être abandonné, après le sauvetage de l'équipage ; le second put atteindre l'île Sao Miguel. Seul le N. C. 4 arriva, le 17 mai, à Horta, ayant couvert en 15 heures 18 les 1.850 kilomètres de l'étape.

Le 18 mai, cet hydravion — le seul rescapé de la tentative — quittait Horta et allait à Ponta Delgada (300 kilomètres) d'où le 27 mai, il s'envolait vers le Portugal, étape de 1.500 kilomètres. Parti à 9 heures 20 il arrivait à Lisbonne à 20 heures 2.

La dizaine de jours perdue aux Açores diminua l'intérêt de la performance, d'autant plus qu'entre temps le lieutenant Roget et le capitaine Coli, volant de Paris à Kenitra, avaient battu le record de la distance avec 2.290 kilomètres et que l'Anglais Hawker avait eu une aventure émouvante, que nous rappellerons plus loin.

Cependant le vol du N. C. 4 avait été parfait, la traversée ayant été accomplie en 26 heures 20 de vol. Le 30 mai, l'hydravion partait de Lisbonne et se rendait à Plymouth où il arrivait le lendemain.

L'équipage était ainsi composé : lieutenant-commandant Read, chef de bord, lieutenants Stone et Walter Hinton, pilotes, enseigne Rodd, radiotélégraphiste, ingénieur mécanicien Howard et le lieutenant Breese, pilote de réserve.

A la suite de ce vol, M. Raymond Orteig, de New-York, le 31 mai 1919, offrait un prix de 25.000 dollars destiné à l'aviateur allié qui, le premier, volerait sans escale de New-York à Paris, ou vice-versa. C'est ce prix que, huit ans plus tard, à dix jours près, devait gagner Lindbergh.

Mais à cette époque il existait un autre prix, de 250.000 francs, attribué par le *Daily Mail*, à l'auteur de la première traversée de Terre-Neuve à l'Irlande en moins de soixante-douze heures.

Une dizaine de candidats se trouvaient à Terre-Neuve pour tenter l'aventure : l'Australien Hawker était grand favori. Pilote depuis 1912, il avait accompli maintes performances de valeur ; sa virtuosité, son endurance étaient légendaires. Il semblait posséder toutes les qualités nécessaires pour une pareille randonnée.

Il avait comme compagnon le capitaine Mackenzie Grieve. Tous deux montaient un Sopwith à moteur Rolls-Royce de 375 chevaux Ils emportaient 1.800 litres d'essence pour un vol de vingt-cinq heures.

Au départ, afin de diminuer la résistance de l'air, Hawker devait larguer son train d'atterrissage. C'était la première fois qu'une semblable témérité était essayée.

Le 18 mai, tandis que Read, sur son N. C. 4, allait de Horta à

En haut, le lieutenant américain Read et à droite son hydravion N. C. 4, sur lequel il réalisa, en 1919, la première traversée de l'Atlantique avec escales de Terre-Neuve à Lisbonne. — En bas, l'Australien Hawker largue son train d'atterrissage lors de sa tentative pour la traversée de l'Atlantique.

Ponta-Delgada, en suivant son chemin de bateaux, Hawker et Mackenzie Grieve, à 18 heures 48, s'élevaient de Saint-Jean de Terre-Neuve à l'assaut de l'inconnu.

Plus de nouvelles à partir du moment où l'avion avait disparu dans le lointain. Qu'était-il devenu ? Perdu en mer ? L'émotion étant à son comble, personne ne prêtait plus d'attention au N. C. 4.

Enfin, le dimanche 25 mai, huit jours après le départ, alors qu'on n'osait plus espérer, ce message était accueilli avec joie par l'univers entier :

« La station de Buth of Lewis télégraphie ce matin : Le steamer danois *Mary*, passant à l'Est, signale ce qui suit : « Aéroplane Sopwith « sauvé ». La station demande : « Est-ce Hawker ? » Le steamer répond : « Oui ».

L'Amirauté envoyait aussitôt le destroyer *Woolston* au-devant du *Mary* pour recueillir les rescapés qui étaient débarqués le lendemain à 14 heures à Thurso.

Après avoir volé quatorze heures et couvert environ 1.600 kilomètres, Hawker et Mackenzie Grieve avaient eu des ennuis de moteur, aussi, lorsqu'ils aperçurent le *Mary*, n'hésitèrent-ils pas à lui adresser des signaux lumineux de détresse et à amérir près de lui pour monter à son bord.

Mais comme le bateau n'avait pas de poste de T. S. F. il fut impossible de donner des nouvelles avant d'arriver au large de Buth of Lewis.

L'avion était retrouvé et sauvé. Quelques jours après on repêchait le train d'atterrissage que les héros avaient volontairement précipité à la mer.

L'histoire est un éternel recommencement : lors de la traversée de la Manche, Latham, le virtuose, avait dû à deux reprises abandonner et était tombé à l'eau où des bateaux l'avaient secouru et Louis Blériot, moins fameux comme pilote, était venu et avait vaincu. Il en fut de même pour l'Atlantique. Hawker fut un nouveau Latham, Alcock un nouveau Blériot.

Pour la première fois, l'Atlantique allait être franchi en avion : le capitaine Alcock et le lieutenant Brown, partis de Terre-Neuve le 14 juin 1919 atterrissaient le lendemain à Clifden (Connaught) sur la côte occidentale d'Irlande, ayant couvert 3.050 kilomètres sans escale, en 16 heures 12 m.

Nul ne croyait qu'une telle distance pourrait être atteinte en un seul vol. Le raid de Roget et Coli, que tous venaient d'admirer en le con-

sidérant comme un maximum inaccessible, était dépassé de 850 kilomètres.

L'équipage s'était engagé, négligeant toute publicité. On en parlait
à peine dans les journaux. On ne savait rien des deux braves. Qui
aurait prêté attention à deux aviateurs qui parlaient si peu et ne prenaient pas le temps de se vanter ? Quand ils partirent, on pensa qu'ils
allaient à la mort : c'est la gloire qu'ils rencontrèrent !

Le capitaine Alcock avait vingt-sept ans. Pilote depuis 1912, il
avait fait campagne sur le front turc où il avait été fait prisonnier au
cours d'un des nombreux bombardements qui lui avaient valu le
D. S. O. Le lieutenant navigateur Brown, âgé de trente-trois ans, après
avoir été officier d'infanterie, était devenu observateur en avion et
avait été lui aussi capitaine à la fin de 1915. Rapatrié en 1917, il s'était
consacré à la fabrication des moteurs.

L'avion était un Vickers-Vimy bi-moteur, développant 700 chevaux.

Voici le récit d'Alcock :

Nous étions arrivés à Saint-Jean de Terre-Neuve, le 24 mai à
minuit. Le surlendemain, nous commencions le déchargement de
l'appareil et le transportions sur le terrain de cricket de Quid-Vidi où
le montage allait s'opérer en plein air.

Le 30 mai, le temps se mit à changer. Il plut jusqu'au 9 juin, jour
de notre premier vol d'essai. Second vol, après quelques mises au
point, le 12 juin. Tout allait bien.

Le vendredi 13, nous faisions le plein. Nous voulions partir le lendemain : le vent contraire nous en empêcha. La température, dans le
courant de la journée, redevint plus clémente. Brown et moi prenions
notre dernier repas, avant l'envol, assis sous les ailes de l'appareil.
A 17 heures 13 (heure anglaise d'été) nous partions.

Nous décollions avec un léger vent de côté, les dimensions res-
treintes de l'aérodrome ne permettant pas de nous élancer face au vent.
L'appareil s'enlève très facilement, mais j'ai de la peine à prendre de
la hauteur, ayant à franchir une vallée entourée des deux côtés par
une rangée de montagnes, provoquant quelques bonds nuisibles à
notre escalade des nues. Nous atteignons enfin le fond de cette vallée.
Je vire, vent debout, et monte à 300 mètres.

Brown m'indique la route. Visibilité parfaite au début, mais nous
apercevons en face de nous le banc de brouillard de Terre-Neuve et ne
tardons pas à voler entre une couche de nuages et de brume.

Pendant sept heures, impossible de voir ni la mer, ni le soleil.

En haut, les Australiens Alcock et Brown, héros de la première traversée de l'Atlantique sans escale, de Terre-Neuve à Clifden, en 16 h. 12 pour les 3.050 kilomètres 14-15 juin 1919. — En bas, l'as Charles Nungesser, disparu. — Lindbergh, Chamberlain et Byrd qui, tour à tour, traversèrent l'Atlantique, en 1927.

Dès que le jour se met à baisser, les difficultés commencent. Le brouillard et les nuages s'épaississent. Nous volons en plein brouillard. Une éclaircie apparait soudain : Brown en profite pour faire le point d'après l'étoile polaire, Véga et la lune. Cela dura une demi-heure environ, puis le brouillard recommença, les sauts désordonnés suivirent, nous empêchant de garder notre route. L'appareil se mit à tourbillonner, à cause de l'indicateur de vitesse qui ne fonctionnait plus.

« Nous étions alors à 1.200 mètres et lorsque nous sortîmes du brouillard, nous nous trouvions tout près de l'eau, sous un angle dangereux. En voyant l'horizon, je pus reprendre enfin le contrôle de l'appareil que je ramenai dans la bonne position. Montant alors à plus de 2.000 mètres, nous aperçûmes une ou deux fois la terre, mais Brown était incapable de faire ses observations. Nous continuions à monter doucement pour nous élever au-dessus du brouillard. Cela dura pendant cinq ou six heures, durant lesquelles nous rencontrâmes de la grêle et du grésil, ce qui causa des avaries au radiateur.

« La couche de glace qui recouvrait et alourdissait l'appareil n'était pas sans m'inquiéter. Ce moment et celui où, la nuit, je m'étais trouvé dans une position telle qu'il m'aurait été impossible de dire si j'avais la tête en l'air ou en bas, furent les plus pénibles et les plus angoissants.

« Nous nous élevons à 3.300 mètres pour fuir les nuages, avec l'espoir de pouvoir faire nos observations d'après le soleil. À cette hauteur il est visible. Brown parvient à déterminer notre position. Nous cinglons un peu plus vers le Sud-Est pendant près de quarante minutes, à moins de trois mètres au-dessus des flots.

« Nous apercevons enfin les deux îles d'Ershal et de Turbot, sans pouvoir distinguer la terre ferme à cause de la pluie et des nuages. Dix minutes plus tard nous sommes en vue des mâts de la station de T. S. F. de Clifden. Nous lançons des fusées auxquelles on ne répond pas. Nous cherchons un terrain, nous tirons de nouvelles fusées en survolant la ville, toujours sans résultat. Nous retournons de guerre lasse à la station de T. S. F. où nous allons nous poser. Au moment d'atterrir seulement, je m'aperçois que ce champ est une fondrière. L'avion est endommagé, mais nous sommes indemnes. »

Le vainqueur des flots devait avoir une destinée tragique. Au mois de décembre suivant, se rendant en France pour assister au Salon de l'Aéronautique, Alcock dut s'arrêter près de Rouen, vaincu par la brume. Celui qui avait méprisé les brouillard de l'Atlantique crut avoir facilement raison de ceux de la vallée de la Seine : il repartit.

Il n'aperçut pas dans l'obscurité un pommier malingre. Il l'accrocha et se tua.

L'Atlantique, après le succès d'Alcock et Brown, n'attira plus les candidats. Le prix du *Daily Mail* était gagné et celui offert par M. Orteig semblait ne devoir être disputé que dans un avenir lointain.

En août 1924 — du 2 au 31 — Smith et Nelson, les aviateurs américains du tour du monde, traverseront par étapes d'Angleterre au Canada, par le Groënland, mais il faudra attendre 1926 pour enregistrer la première tentative. Elle est faite par l'as des as français, René Fonck, sur un trimoteur ; l'appareil capote au départ : le radiotélégraphiste Clavier, le mécanicien Islamof sont carbonisés.

1927, sera l'année du triomphe, mais que de deuils aussi ! Au cours d'un essai à Langley Field (États-Unis) Davis et Woster capotent et meurent (26 avril).

Puis, le 8 mai, notre grand héros de la guerre, Charles Nungesser et le capitaine Coli, s'envolent du Bourget à 5 heures 17. Jamais on n'entendit plus parler d'eux : ils disparurent sans que leur passage eût été officiellement contrôlé à partir de la côte française.

Dix jours après, ce qui semblait irréalisable entrait dans l'histoire.

Lindbergh, de Saint-Louis, fils d'un représentant à la Chambre des États-Unis, décédé, et d'une mère, professeur de Chimie, devait être le héros de cette épopée.

Nul ne le connaissait dans l'Est, mais il était déjà fameux dans l'Ouest comme pilote commercial. A New-York on l'appelait le *fool flyer*, dans le Missouri on le surnommait le *safe mail* — le courrier sûr. Un comité se forma quand il affirma sa volonté de s'attaquer à New-York-Paris.

L'avion fut commandé à la maison Ryan, le 20 février 1927. Huit jours plus tard, Lindbergh envoyait son engagement pour le prix Orteig.

Un délai de soixante jours était exigé entre le moment de l'inscription et la date du départ. L'audacieux pouvait donc prendre son vol à partir du 28 avril. L'avion fut livré le 20 du même mois on le baptisa le *Spirit-of-Saint-Louis*.

C'était un monoplan long de 10 mètres et de 13 mètres d'envergure. Une porte trapézoïdale, ménagée à droite du fuselage, permettait de pénétrer dans le poste de pilotage, complétement fermé et éclairé, en haut, par des fenêtres de mica, sur les côtés par deux hublots. Un périscope à coulisse placé à gauche de l'appareil, procurait une visibilité suffisante pour atterrir.

Il y avait vingt réservoirs, dont trois dans l'aile. Lindbergh emporta 1.703 litres d'essence et 75 litres 7 d'huile. L'avion pesait au total 2.381 kilogs au départ, soit une charge de 80 k. 500 par mètre carré et de 10 kg. 700 par cheval. Le moteur était un Wright-Whirlwind de 220 chevaux seulement, à refroidissement par air.

Comme unique mesure de sécurité, le pilote emportait un canot de sauvetage pneumatique.

Sur le tableau de bord, deux feux pour voir les instruments la nuit, le compas à induction terrestre Pioneer, deux niveaux d'incidence, une montre, un compas de correction, etc... Lindbergh avait emporté également un barographe qui indiqua que la plus grande altitude, au cours de la traversée, fut de 3.300 mètres.

Pour essayer son appareil, le pilote avait quitté San Diego le 11 mai. Le soir, il était à Saint-Louis. Après une réception organisée par ses amis, au lieu d'aller se coucher, il retourna à l'aérodrome, fit faire le plein et repartit. L'après-midi, il était à New-York, ayant couvert le parcours de 4.200 kilomètres en cinq heures de moins que le temps record.

Huit jours après, l'événement historique allait se produire.

Lindbergh prit son vol le vendredi 20 mai, seul à bord. Au lieu de passer une nuit calme dans un lit en vue de l'effort qu'il allait fournir, il était allé la veille au soir au cinéma et ne s'était reposé que deux heures.

A midi 52 (heure française) il commençait à rouler sur le terrain de Roosevelt Field. Il avait adopté le sens contraire à celui qu'on lui avait recommandé. Il risquait de s'écraser contre les maisons si le décollage ne s'effectuait pas aussi rapidement qu'il était espéré. Lindbergh avait confiance et faillit seulement accrocher les fils télégraphiques. Les télégrammes allaient annoncer son passage aux divers points du trajet, de façon très régulière.

Il dépassait le Massachusetts à 14 heures 55, la Nouvelle-Écosse à 20 heures 05, le cap Race (Terre-Neuve) à 23 heures 55, Saint-Jean de Terre-Neuve, le samedi 21 mai à 0 heure 50. Il y avait douze heures qu'il était parti. Puis c'était l'interminable survol de l'Atlantique aux trahisons multiples. L'Irlande était atteinte à Valencia, à 14 heures 50 (vingt-six heures après le départ). La traversée était terminée à 17 heures 50. C'était alors la Cournouailles, le Comté de Devon et, à 20 heures 25, Cherbourg : la France.

Désormais, ce n'était plus, pour ainsi dire, qu'une formalité et à 22 heures 22, Lindbergh se posait au Bourget.

La distance de New-York à Paris — soit 5.809 kilomètres — avait été couverte en 33 heures 30, à la moyenne horaire de 174 kilomètres. A l'atterrissage, il restait encore dans les réservoirs 322 litres d'essence et 57 litres d'huile. La consommation totale avait été de 1.381 litres d'essence (41 litres 30 à l'heure) et de 18 litres 70 d'huile (0 litre 55 à l'heure). Le vol aurait donc pu être poursuivi pendant sept heures environ, soit 1.200 kilomètres. Et ce, avec un 220 chevaux, puissance que nous considérions jusqu'alors tout à fait insuffisante pour les grands voyages ! Lindbergh tout en réalisant New-York-Paris, avait battu le record du monde de la distance. Ce double succès ouvrit les yeux des constructeurs sur les avantages de l'aviation de moyenne puissance.

L'arrivée du héros fut une apothéose ! Le délire frénétique, hallucinant d'une foule de 150.000 personnes se précipitant à la rencontre de Lindbergh engagea les aviateurs du Bourget, arrivés les premiers près de lui, à l'escamoter et à l'emmener dans un baraquement, sans quoi on ne sait s'il n'aurait pas été étouffé par les admirateurs qui voulaient le voir, lui serrer la main, ne comprenant pas que cet ange descendu des cieux était la veille à New-York.

Tel fut le véritable conte de fées, vécu par l'inconnu de la veille auquel trente-trois heures et demie de son existence ont donné une gloire immortelle.

Rarement la fortune sut mieux choisir. Lindbergh était digne de ses faveurs. Il avait accompli le plus admirable exploit qu'on pût imaginer, mais il était le seul à ne pas avoir l'air de s'en rendre compte. Il rappelait Garros par sa modestie et sa simplicité. Avec lui pas d'anecdotes, pas de réflexions. Il était parti de New-York, il était arrivé à Paris, simplement. Rien ne comptait en dehors de ces deux faits et pourtant quel supplice avait dû être ce séjour de trente-trois heures et demie dans cette véritable prison où il fallait se tenir courbé sans avoir la ressource de se délasser de temps à autre. N'était-ce pas le plus long vol exécuté jusqu'alors par un pilote seul à bord ? Pourtant, à l'arrivée, Lindbergh ne semblait pas aussi exténué qu'on pouvait le croire et, avant d'aller se coucher à l'Ambassade des États-Unis, il tint à saluer la tombe du Soldat Inconnu.

Ayant eu l'honneur d'aller lui porter une lettre de félicitations de la mère de Roland Garros, le héros de la Méditerranée, je pus causer quelques instants avec le vainqueur de New-York-Paris :

— Au départ, me dit-il, le temps était incertain. Puis ce ne fut plus de l'incertitude, mais une réalité fâcheuse : pendant plus de 1.000 kilomètres, je dus subir le plus violent orage que l'on puisse rencontrer. Je jonais à l'ascenseur afin de l'éviter autant que possible. Tantôt je me tenais au ras du sol, tantôt je montais à plus de 3.000 mètres et chaque fois mon appareil et mon moteur obéissaient à mes ordres. Mais, quels que fussent mes efforts, je n'arrivais pas à trouver le beau temps que les rapports officiels des services météorologiques m'avaient garanti avant le départ.

« A partir du moment où j'ai enfin découvert un ciel serein, je n'ai plus eu à subir la coalition des éléments déchaînés pendant tout le reste du voyage. J'avais donc bien fait de persévérer, alors que, je l'avoue, devant la persistance de l'orage et du verglas qui alourdissait mes ailes, j'avais failli faire demi-tour et rentrer.

« Pendant ces premières heures très pénibles, je n'avais pas encore cette terrible impression de solitude que je ressentis à partir du moment où, ayant survolé Terre-Neuve, je m'élançai au-dessus de la vaste étendue d'eau, ma seule compagne, durant près de treize heures.

« On ne s'imagine pas combien l'ennui peut devenir un supplice dans les conditions où je l'ai subi. Mon avion volait à plus de 180 kilomètres de moyenne et pourtant l'eau qui défilait sous mes yeux uniformément et constamment pareille me semblait rester sur place.

« Je croyais que je n'avançais plus.

« Rien pour me distraire, rien. Enfin, lorsque j'entrevis les côtes de l'Irlande, vers 17 heures, le 21 mai, alors que je volais depuis plus de vingt-cinq heures, je poussai un long soupir de soulagement. Jamais je n'avais mieux apprécié les délices de la terre. Je me hâtai vers elle.

« Là, je me rendis compte que j'allais vite. A vrai dire, j'avais toujours eu confiance. Je savais à quelle heure je devais atteindre les divers points survolés, mon allure était conforme à mes prévisions, j'étais sûr de ne pas dériver. J'arrivai sur l'Irlande exactement à cinq milles de l'endroit que je m'étais fixé. Je ne puis donc pas dire que je ressentis une émotion, mais je trouvais que c'était long.

« Puis, à 20 heures, la France m'apparut. Quelle joie ! Je n'ai eu qu'à suivre ma route. Mon moteur rendait à merveille. J'étais tranquille et combien heureux, mais ces états moraux étaient peu de chose à côté de mes courbatures.

« Je continuais à voler vers Paris, aussi sûrement que si je connaissais votre pays. A une cinquantaine de kilomètres de la capitale, je distinguais les feux du Bourget, le phare du Mont-Valérien, puis les éclairages de la Tour Eiffel. Avant d'atterrir j'ai tenu à étudier le terrain et l'ai pris de biais. Je voyais la multitude qui ne me voyait pas et c'est le cœur plein de bonheur, mais d'inquiétude au sujet de cette foule, que je me posais sur cette terre de France à laquelle je rêvais depuis tant de jours. »

Au cours de notre conversation, on apporta, don d'admirateurs, une splendide couronne de roses de plus de deux mètres de haut. Le héros sourit et dit :

« Je suis bien heureux de la recevoir moi-même. Généralement c'est quand on n'est plus là qu'on en envoie ! »

Que l'exemple de Lindbergh serve à beaucoup de ses confrères !

Il travaillait en secret, comme un croyant, comme un mystique, sûr que le succès récompenserait ses efforts.

Le miracle de New-York-Paris, c'est d'avoir réussi le premier raid auquel on n'osait pas croire. Nous eûmes aussi le miracle de la Méditerranée, celui de la Manche, celui du premier vol ! Lindbergh était peut-être un surhomme ou un envoyé du ciel, mais il était avant tout un organisateur, ayant su ne rien laisser au hasard, un pilote possédant tous les secrets de son art, un navigateur doué d'un véritable instinct d'oiseau et un athlète sur lequel ni la fatigue, ni le sommeil, ni les privations ne peuvent avoir prise.

Et pourtant, lorsqu'on réfléchit ! Tout n'était-il pas magique dans cette aventure ? Ce pilote inconnu, cet avion commandé le 20 février, livré le 20 avril et partant pour la gloire le 20 mai ! Ce moteur auquel il ne fut pas touché depuis le départ de Saint-Louis ! Oui, cette merveilleuse épopée pouvait nous permettre de la croire irréelle : le miracle de New-York-Paris, n'est-ce pas plus joli ainsi ?

Lindbergh après avoir été fêté de la façon la plus enthousiaste, se rendit à Bruxelles, à Londres, à Portsmouth, puis il retourna dans son pays où il connut encore ce qui était pour sa modestie charmante le revers de la célébrité.

Il reprit ses ailes pour un voyage de propagande à travers les États-Unis sur le *Spirit-of-Saint-Louis*. Toutes ses visites furent faites à heure fixe, sans incident. Une seule fois il fut empêché par le brouillard d'arriver exactement. Il alla dans 48 États et dans 62 villes, totalisant du 20 juillet au 23 octobre 1927, 36.000 kilomètres en deux cent soixante heures de vol.

Les 13 et 14 décembre, il volait de Washington à Mexico, soit 3.500 kilomètres sans escale en 27 heures 13, toujours sur le *Spirit-of-Saint-Louis* avec le même moteur et il continua par une randonnée de 13.525 kilomètres à travers l'Amérique Centrale, du 28 décembre 1927 au 13 février 1928.

Il n'y a que le premier vol qui coûte, pourrait-on dire. Au moment où Lindbergh après son incroyable New-York-Paris rentrait aux États-Unis, un autre avion réussissait la traversée et, dédaignant Paris, afin de battre le record de distance, poussait vers l'Allemagne, se perdait, manquait Berlin, et devait se poser à Helfta, près d'Eisleben, en Saxe, ayant parcouru 6.294 kilomètres en 41 heures 56, à 150 kilomètres à l'heure.

En voulant atteindre Berlin où on l'attendait, l'équipage américain composé de Clarence Chamberlin, pilote, et du commanditaire de l'expédition Charles Levine, se perdit encore, se posa à Kottbus où il brisa son hélice. Ce n'est que le lendemain qu'il arriva enfin à Berlin. Il en repartait quelques jours après pour se rendre successivement à Munich, Vienne, Budapest, Prague, Varsovie, Zurich et Paris, soit, au total, depuis le départ de New-York 10.170 kilomètres.

Alors que les malheureux Nungesser et Coli avaient dû emporter 4.125 litres d'essence pour alimenter leur 450 chevaux, 1.703 avaient suffi à Lindbergh, 1.710 à Chamberlin.

Celui-ci montait un avion Wright-Columbia, moteur Wright Whirlwind 220 chevaux avec lequel, en compagnie de Bert Acosta, il avait battu le record du monde de durée en circuit fermé avec 51 heures 11 m. 25 s. (12 au 14 mai 1927). Cet appareil avait 250 heures de vol à son actif avant de quitter New-York pour l'Europe.

Le départ était pris le 4 juin 1927, à Roosevelt Field, à 11 heures 04.

Terre-Neuve était atteinte à 23 heures 50. Chamberlin se trouvait à 480 kilomètres de l'Irlande, le 5 juin à 16 heures 30, à Plymouth à 21 heures 15, à Cologne le 6 juin à 2 heures et se posait à Helfta à 5 heures, après avoir erré de longs instants à la recherche de Berlin.

« Mieux vaut, malgré tout, se perdre en cherchant Berlin qu'au milieu de l'Atlantique ! » déclara philosophiquement le pilote.

Malgré la beauté de la performance, une ombre d'échec l'entourait. Nous ne retrouvions pas là l'incroyable précision chronométrique de Lindbergh disant à son départ de New-York :

« Si je réussis, je serai à Paris, demain à 22 heures. »

Il y arriva à 22 heures 22, en retard de 22 minutes sur un trajet de 5.809 kilomètres !

Nous allions avoir encore une surprise : du 29 juin au 1er juillet, un monoplan Fokker trimoteur Wright-Whirlwind de 220 chevaux monté par le commandant Byrd, chef de bord, navigateur, Bert Acosta, Bernt Balchen, pilotes, et le lieutenant Noville, radiotélégraphiste, réussissait à voler de New-York à Ver-sur-mer (Calvados) après un voyage de 5.600 kilomètres en 40 heures 8.

Ainsi : 20-21 mai Lindbergh ; 4-6 juin, Chamberlin et Levine ; 29 juin-1er juillet, Byrd, Acosta, Balchen et Noville !

Trois triomphes, en moins de six semaines, trois appareils réussissant à leur première tentative et trois voyages d'essence différente.

Lindbergh, c'était le rêve qui se matérialisait.

Chamberlin et son passager, deux touristes venant se promener en Europe.

Byrd et ses compagnons réalisaient le premier essai de transport en commun, ils nous levaient un coin du voile qui nous cache l'avenir.

En quarante jours, nous avions l'illusion d'être passés du merveilleux au normal. Hélas ! combien de malheureux allaient par la suite nous ramener à la réalité !

L'avion de Byrd — l'*America* — emportant 4.884 litres d'essence et 212 d'huile, pesait au départ 6.674 kilos.

La cabine du navigateur était devant le siège du pilote. Cette cabine de l'équipage communiquait avec le fuselage. Dans l'habitacle des passagers, on pouvait aller et venir, dormir, travailler sur une table. Un équipement complet pour les soins médicaux était emporté dans une boîte en aluminium étanche. Des appareils de chirurgie complétaient cet hôpital miniature. Un garde-manger, pourvu de vivres pour un long séjour sur mer en cas de panne, était dans les ailes. Rien ne manquait.

Un corridor permettait de se rendre du fuselage aux moteurs. Enfin un poste de T. S. F. émission et réception permit à l'équipage de rester en rapport avec le sol pendant toute la durée du voyage jusqu'à l'arrivée au-dessus de Rennes. Là un fil se rompit et Byrd fut dans l'impossibilité de demander sa route.

Le voyage fut très dur. Parti de Roosevelt Field, le 29 juin 1927, à 10 heures 24, l'*America*, survolait la Nouvelle-Écosse à 14 heures 45, Terre-Neuve à 19 heures 50, Brest le 30 juin à 20 heures 30, Rennes à 22 heures.

Quoi de plus angoissant que ce radio de Byrd reçu à 12 heures 15 par le *Paris*, le 30 juin :

Nous n'avons vu ni océan, ni terre, depuis hier 3 heures du matin. Tout est complétement couvert par le brouillard. Quoi qu'il arrive, je rends hommage à mes vaillants camarades.

Pendant dix-neuf heures, l'*America* évolua dans la brume. Puis ce fut la soirée dramatique de l'arrivée. Alors qu'on l'attendait au Bourget, l'avion, par une pluie diluvienne, allait et venait, ignorant tout de sa situation au-dessus du sol français. Impossible d'apercevoir les lumières du sol au milieu de ce déluge et de cette brume. Et l'essence diminuait. Elle allait être épuisée.

Tour à tour on entendit le bruit des moteurs à Avranches, Domfront, Saint-Lô, Briouze, Caen.

Que faire ? Byrd était inquiet à la pensée qu'il pouvait, en atterrissant comme un aveugle, faire des victimes. Il lança des S. O. S. Mais tous étaient impuissants. Comble de malchance le compas qui avait rendu de si grands services se dérégla au-dessus de Rennes. Alors le chef de bord fit remonter l'antenne de T. S. F., et se mit à la recherche de la mer.

Ayant reconnu les lueurs d'un phare, il donna l'ordre à Balchen, qui pilotait, de se poser sur la nappe aperçue : sable ou eau ? Par miracle l'*America* amérit à 200 mètres seulement de la plage de Ver-sur-Mer.

Un choc effroyable. Le train d'atterrissage est arraché, le fuselage brisé. L'avion fait deux bonds. C'est la fuite à la nage. Assourdis par le fracas des moteurs, subi pendant plus de quarante heures, les quatre héros s'appellent et ne s'entendent pas. Ils vont au secours les uns des autres et, dans l'obscurité, parviennent à se retrouver sur l'épave.

Ils prennent le canot en caoutchouc qu'ils avaient emporté et gagnent le rivage où ils s'effondrent, épuisés, à bout de forces.

La descente à la mer s'était produite à 2 heures 52. Depuis 10 heures du soir, les quatre héros erraient dans l'espace. Ces quatre heures et demie avaient été atroces à bord.

L'Atlantique du Nord devait être encore traversé une fois au cours de l'année, de Terre-Neuve à Londres, soit 3.800 kilomètres en 23 heures 19, les 27 et 28 juin. C'était au cours d'un raid magnifique autour du monde accompli par le pilote William Brock et Edward Schlee, second pilote et commanditaire de l'expédition.

A la suite de l'exploit de Lindbergh, Schlee avait fait le pari d'effectuer le tour du monde en un mois. Mis au pied du mur, il eut le courage de tenter l'aventure. Il choisit un monoplan Stinson, muni d'un moteur Wright-Whirlwind 220 chevaux, et le départ fut pris, le 24 août 1927, à Détroit.

Dès lors, chaque jour jusqu'à Tokio, où ils arriveront le 14 septembre, les aviateurs du *Pride-Of-Detroit* accompliront une étape quotidienne. Ils ne perdront vingt-quatre heures qu'à Constantinople pour le visa de leurs passeports et une journée à Omura par suite du brouillard intense, le *nougaï*.

Successivement, ils se rendirent à New-York, Portland, Harbour-

Grace (Terre-Neuve) Londres, Munich, Belgrade, Constantinople, Bagdad, Bender Abbas, Karachi, Allahabad, Calcutta, Rangoon, Hanoï, Hong-Kong, Shanghaï, Kagoshima, Omura, Tokio.

Ils voulaient tenter la traversée du Pacifique de Tokio à San Francisco en trois étapes, mais les catastrophes répétées, au cours des tentatives maritimes, provoquèrent de multiples interventions auprès des vaillants pour les dissuader de réaliser leur projet.

Ils finirent par se laisser convaincre et s'embarquèrent avec leur avion sur le bateau qui les conduisit à San-Francisco.

A l'arrivée ils purent remonter en hâte leur appareil, et, le 3 octobre, reprenaient leur vol, pour se rendre à Saint-Louis (2.780 kilomètres). Ils arrivaient le 4 à Détroit (730 kilomètres), leur point de départ qu'ils avaient quitté quarante-deux jours auparavant.

Ils avaient couvert 25.380 kilomètres en vingt-trois jours de vol, exploit tout à fait remarquable.

Nous parlerons plus loin de la traversée du général de Pinedo par Terre-Neuve et les Açores, mais il convient de rappeler ici la liste des victimes et des rescapés de l'Atlantique Nord pendant l'année 1927.

26 Avril. — Davis et Woster (Américains) au cours d'un essai.

8 mai. — Nungesser et Coli (Français) disparus en mer.

31 août. — Colonel Minchin, capitaine Hamilton, princesse Lowenstein (Anglais) perdus en mer.

6 septembre. — Bertaud, Hill et Payne (Américains) perdus en mer.

7 septembre. — Tully et Metcalfe (Américains) perdus en mer.

11-13 octobre. — Miss Ruth Helder et Haldeman (Américains) tombés à la mer et recueillis par un bateau, à 670 kilomètres des Açores.

23 décembre. — Mrs Grayson, Omdal, Goldsborough, Kœhler, perdus en mer.

Le martyrologe, on le voit, dépassait de loin le palmarès.

La lutte tragique reprenait en 1928. Son bilan se traduisait ainsi :

Une demi-réussite, trois sauvetages miraculeux, une traversée de Terre-Neuve à l'Angleterre avec une femme à bord, deux équipages perdus en mer.

On ne peut pas considérer comme un succès complet, le vol des Allemands Kœhl, von Hunenfeld et de l'Irlandais Fitzmaurice, puisque ce trio, parti d'Irlande, sur un Junkers 270 chevaux, avait l'intention d'atteindre New-York. Néanmoins, il fut le premier à traverser l'Atlantique de l'Est à l'Ouest.

L'avion avait volé de Berlin à Baldonnel (Irlande) le 26 mars.

Il attendait une éclaircie et crut l'avoir trouvée le 12 avril. A 5 heures 38 il prenait son vol. A 18 heures 50 il était aperçu à 1.400 kilomètres de la côte Ouest d'Irlande. Puis, on ne reçut plus de nouvelles. Ou plutôt, comme il arrive régulièrement pour ces genres de vols, des dépêches fantaisistes, bientôt démenties, donnèrent des espoirs éphémères.

Les téméraires avaient-ils disparu à leur tour ? Trois nouveaux noms s'étaient-ils ajoutés à la liste funèbre ? Non, une chance providentielle avait sauvé l'équipage, qui avait réussi à se poser dans la petite île de Greenly, au Nord-Ouest de Terre-Neuve, sur la côte du Labrador.

Les rescapés avaient vécu un véritable martyre à bord. Après trente heures plus ou moins calmes, malgré le mauvais temps, l'avion — le *Bremen* — était entré dans une couche de brouillard qui cacha à son équipage aussi bien la terre que la mer. Pendant quatre heures, ce fut le vol à l'aventure. La brume se leva, mais le répit dura peu : de violentes bourrasques de neige succédèrent. Impossible de distinguer le sol. Vers 17 heures 30, le 13 avril, le temps s'éclaircit et le pilote Kœhl aperçut la terre pour la première fois depuis un jour et demi. La côte désertique du Labrador s'étendait à perte de vue : des monticules de neige et de glace rendaient impossible tout atterrissage. Enfin, un petit lac apparut. Kœhl vint s'y poser. Sous le choc, la glace se rompit, brisant la queue et l'hélice du *Bremen*.

L'avion avait tenu l'air 36 heures 30. Pour neutraliser le péril du grésil et du verglas sur les ailes, aux abords de Terre-Neuve, l'équipage avait recouvert les ailes de paraffine. C'est grâce à cette précaution que, selon lui, il put poursuivre son vol pendant plusieurs heures à travers la tempête de neige et malgré la température très basse. La situation était tellement atroce, vers la fin du voyage, que le baron Von Hunenfeld avait sorti son revolver pour tuer ses compagnons avant de se brûler la cervelle au moment de la catastrophe qu'il supposait imminente.

Les sauvetages miraculeux ? Le 2 août, l'Anglais Courtney quittait les Açores où il était arrivé le 28 juin. Accompagné de trois passagers il espérait atteindre Terre-Neuve. Il avait franchi 800 kilomètres en pleine nuit, lorsque son appareil prit feu et tomba à la mer. Le mécanicien Pierce eut la présence d'esprit de fermer le robinet d'essence. L'incendie fut conjuré, mais, durant de longues heures, l'hydravion flotta, désemparé, sur les flots, lançant des appels de détresse. Enfin, après treize heures de recherches, un steamer réussit à sauver l'équipage harassé, épuisé par tant de fatigues et d'émotions, mais sain et sauf.

Le 3 août, les Polonais Idzikowski et Kubala quittèrent le Bourget pour New-York. Le début du raid était plein de promesses, mais à la suite d'une fausse indication de leur manomètre d'huile, les aviateurs firent demi-tour, puis amérirent auprès d'un vapeur allemand qui les recueillit et sauva l'appareil. Le vol avait duré trente-huit heures, ce qui semblait suffisant pour atteindre New-York.

Le 16 août, les Américains Bert Hassel et Parker Cramer s'envolèrent de Rockford (Illinois) avec l'intention d'atteindre Stockholm par le Canada, le Groënland, l'Irlande et la Scandinavie.

Après une étape dans l'Ontario, ils repartaient, le 18 août, à destination du Mont-Évans dans le Groënland. On resta sans nouvelles. On renonçait à espérer, lorsque le 3 septembre, on apprenait qu'ils avaient été retrouvés, non loin du Mont-Évans. Ils avaient été obligés d'atterrir le 19 août, par suite du manque d'essence, à 160 kilomètres du lac Évans. Pendant deux semaines, ils avaient marché à travers des contrées désertiques, faisant des signaux au moyen de fumée. Ce sont ces signaux qui avaient fini par attirer l'attention sur eux.

Une femme — la première — réussit à faire la traversée de l'Atlantique. Ce fut Miss Earhardt, Américaine. Sur un hydravion trimoteur, elle partit avec le pilote Stultz et le mécanicien Gordon, le 17 juin à 12 heures 50, de la baie des Trépassés, à Terre-Neuve. L'arrivée se fit le lendemain à 12 heures 40 à Burry-Port (Pays de Galles) après un parcours de 3.650 kilomètres, en 23 heures 50.

Les deux équipages perdus en mer étaient l'un et l'autre anglais :

Le 13 mai, le pilote Hinchcliffe et Miss Mackay quittèrent l'aérodrome de Cramwell (Lincolnshire) et disparurent.

Le 17 octobre, le lieutenant Mac Donald, à bord d'une avionnette, prit le départ de Saint-Jean de Terre-Neuve avec l'espoir d'atteindre Londres. On n'eut jamais plus de nouvelles de lui.

En 1929, enfin, un équipage français allait inscrire son nom au palmarès : Assolant, Lefèvre, Lotti et un passager clandestin, l'Américain Schreiber, s'envolaient d'Old Orchard, le 13 juin, et réussissaient à traverser l'Atlantique. Mais au lieu de se poser à Paris comme ils l'espéraient, ils atterrissaient à Comillas, près de Santander (Espagne). Ils montaient un monoplan Bernard-Hispano-Suiza, qui emportait 3.070 litres d'essence et pesait 5.800 kilos. Ils prenaient le départ, le 13 juin, à 15 heures 8 (heure de Paris) et terminaient leur vol, le lende-

Von Hunefeld (Allemand), Fitzmaurice
(Irlandais) et Köhl (Allemand) qui, les
premiers, traversèrent l'Atlantique de
l'est à l'ouest (1928). — A gauche, un
portrait de Lindbergh, par H.-W. Hunn.

Au milieu, Dieudonné Coste, à droite, Le Brix qui, les premiers, traversèrent l'Atlantique
du sud sans escale de Saint-Louis à Natal, sur Breguet-Hispano, et continuèrent par
un voyage considérable, terminé par Tokio-Paris en six jours, sur le même avion.

main à 20 heures 30, ayant couvert environ 5.000 kilomètres en
29 heures 21.

Quelques jours après, les Américains Roger Williams et Lewis
Yancey traversaient à leur tour : il voulaient aller sans escale à Rome,
mais, comme leurs camarades français, devaient faire auparavant un
arrêt près de Santander. Partis d'Old Orchard, le 8 juillet, à 13 heures 4
(heure française) ils atterrissaient le lendemain à 21 heures 20, à

Le 13 juin 1929, Assolant, Lefèvre, Lotti et un passager clandestin quittaient Old
Orchard et venaient atterrir le lendemain à Comillas (Espagne). Pour la première fois,
des Français avaient traversé l'Atlantique en avion.

l'aérodrome d'Albericias (Espagne) après un vol de 32 heures 16,
soit près de trois heures de plus qu'Assolant, Lefèvre, Lotti et leur
indésirable passager.

Le 21 juin 1929, de Los Alcazares, s'était envolé l'équipage espagnol composé du major Franco, Gallarza, Ruiz de Alda et d'un mécanicien, avec l'intention d'entreprendre un circuit dans l'Atlantique
Nord par les Açores, l'Amérique et retour par Terre-Neuve. Il montait un bimoteur Dornier-Hispano-Suiza. La première étape devait
s'achever aux Açores, mais nulle nouvelle n'était reçue des audacieux aviateurs à partir du moment où il avaient quitté l'Espagne.

Qu'étaient-ils devenus ? Les jours passaient et l'on croyait l'hydravion englouti dans l'Océan, lorsque, le 29 juin, un avion anglais parvenait à le découvrir, au moment où il accomplissait sa dernière patrouille. L'équipage espagnol était sain et sauf.

Le 13 juillet 1929, partaient de Paris deux équipages fameux : Costes et Bellonte d'une part, les Polonais Idzikowski et Kubala d'autre part. Ceux-ci voulaient réaliser ce qu'ils n'avaient pu faire l'année précédente. Les deux avions tentaient la traversée Paris-New-York par les Açores. Celui de Costes et Bellonte était un Breguet-bidon-Hispano, celui des Polonais un S. E. C. M.-Lorraine.

En arrivant dans la région des Açores, après un début de vol très remarquable, les deux équipages se heurtaient à une muraille de vents tourbillonnants d'une extrême violence, réduisant des deux tiers la vitesse des appareils et s'opposant à leur passage. Sagement, Costes décida de rentrer à sa base de départ : il y parvint magnifiquement après un vol d'environ 5.000 kilomètres en vingt-huit heures.

Les Polonais, ayant des ratés à leur moteur, essayaient d'aller se poser aux Açores. Ils le firent sur un sol rocailleux, à l'île Graciosa. L'avion capota et prit feu : Idzikowski, les jambes brisées, ne put se dégager. Grièvement brûlé, il mourut quelques instants après. Kubala, à demi projeté hors de l'appareil, put échapper au sinistre.

Il était prouvé que, de l'est à l'ouest, la route des Açores est aussi dangereuse que celle de l'Atlantique nord pour des monomoteurs.

Une preuve nouvelle allait être fournie par l'équipage suisse Kaeser et Luscher qui, parti d'Alverca, près de Lisbonne, le 19 août, était aperçu aux Açores, mais disparaissait en mer par la suite.

LES TRAVERSÉES DE L'ATLANTIQUE-SUD

Les premiers qui osèrent s'attaquer à la traversée de l'Atlantique Sud furent les aviateurs Portugais Sacadura Cabral et Gago Coutinho : du 30 mars au 16 juin 1922, sur un hydravion Fairey à moteur de 360 chevaux, ils volèrent de Lisbonne aux îles du cap Vert, à l'île Saint-Paul et atteignirent par la suite Rio-de-Janeiro. La précision de leur navigation fut remarquable.

Du 22 janvier au 10 février 1926, le major Franco, le capitaine Ruiz de Alda et l'enseigne Duran, Espagnols, sur hydravion Dornier à deux moteurs de 450 chevaux, se rendirent de Palos de Moguer (Espagne) à Buenos-Ayres, faisant escale aux îles Canaries, aux îles du Cap-Vert, à Fernando de Noronha (2.270 kilomètres) et le 31 janvier à Pernambouc. Ils continuèrent par Rio-de-Janeiro et Montevideo jusqu'à Buenos-Ayres, couvrant au total 10.120 kilomètres en 61 heures 44 de vol.

Du 25 octobre 1926 au 28 avril 1927, le commandant brésilien de Barros, Braya et Cinquini, sur hydravion Savoia, muni de deux moteurs de 500 chevaux, volèrent de Gibraltar, jusqu'au large de Fernando de Noronha. Barros était arrivé le 7 novembre 1926 à Porto-Praya et n'en repartit que le 28 avril 1927. Après avoir volé 2.000 kilomètres, il tomba à la mer, fut secouru et remorqué jusqu'à Fernando de Noronha.

Le général de Pinedo allait accomplir un nouveau raid de longue haleine, au cours duquel il fut moins heureux que lors de son voyage Rome-Melbourne-Tokio-Rome. Mais il accomplit deux traversées de l'Atlantique. Il était accompagné du navigateur del Prete et du mécanicien Zacchetti. Il pilotait un hydravion Savoia 500 chevaux.

Après une étape préliminaire de Sesto Calende à Elmas (Sardaigne), le 8 février 1927, il prenait le départ le 13 février pour son circuit de l'Atlantique. Il se rendait à Villa-Cisneros en deux étapes de 1.600 kilomètres chacune, puis à Boloma (1.400 kilomètres) où il arrivait le 15 février. Son appareil ne pouvant pas décoller à pleine charge, le champion italien modifiait son itinéraire, descendait jusqu'à Dakar et allait à Porto-Praya. Des essais infructueux étaient encore faits pour la traversée. Il fallait se délester. Enfin, le 22 février, en vol pour le Brésil. Mais l'Atlantique ne fut pas encore franchi sans escale. L'équipage dut s'arrêter à Fernando de Noronha, après une étape de 2.400 kilomètres.

Le 2 mars, Pinedo était à Buenos-Ayres, le 26 à Pointe-à-Pitre, le 28 à la Havane, le 6 avril à Phœnix (Texas).

Là, un fumeur imprudent provoqua l'incendie de l'avion au moment où on faisait le ravitaillement d'essence. Un autre appareil du même type fut envoyé et le général de Pinedo ne put continuer son magnifique voyage que le 8 mai. Il avait alors à son actif 27.800 kilomètres en 27 étapes et en cinquante-sept jours.

C'est de New-York qu'il reprit le départ avec son nouvel appareil. Le 15 mai, il était à Chicago, le 18 à Québec, le 20 à la Baie des Trépassés à Terre-Neuve.

Le 23 mai, il s'envolait vers les Açores, pour sa seconde traversée de l'Atlantique, mais alors qu'il avait déjà parcouru environ 2.000 kilomètres, il eut une panne d'essence causée par le mauvais temps et dut se poser à 300 kilomètres des Açores. Le même jour, un voilier portugais le prit en remorque. Trois jours après, rejoint par un vapeur italien, Pinedo fut emmené avec son appareil jusqu'à Horta, malgré la tempête.

Il y arriva le 30 mai. Quelques réparations furent nécessaires et, le 10 juin, le raid reprit.

Pinedo eut la coquetterie d'aller survoler l'endroit où il avait eu sa panne et de revenir aux Açores à Ponta-Delgada. Le lendemain, il atteignait Lisbonne ; le 13, Barcelone, d'où il allait à Madrid, sur un Breguet, pour être reçu par le roi d'Espagne et, le 16 juin, il terminait triomphalement son vol à Rome.

Il avait couvert 40.540 kilomètres en 44 étapes.

Malgré les incidents qui allongèrent considérablement le temps mis pour cet immense circuit, le général Pinedo avait réussi la traversée de l'Atlantique Sud en trois étapes, celle de l'Amérique du Sud à toute allure, et celle de l'Atlantique Nord en deux étapes.

Du 2 mars au 10 avril, le commandant Sarmento de Beires, Duvalle Portugal, de Castillo et Gouveia, sur Dornier à deux moteurs Lorraine, volèrent de Lisbonne à Rio-de-Janeiro en 8 étapes. La traversée de l'Atlantique ne fut pas faite encore cette fois sans escale : de Bolama, l'équipage atteignit Fernando de Noronha, couvrant les 2.565 kilomètres en dix-huit heures de vol.

Continuant sa route vers le Nord, Sarmento de Beires dut amérir brusquement, par suite d'une panne, le 6 juin, près de la Guyane anglaise. L'équipage fut sauvé par un voilier, mais l'hydravion coula au cours des manœuvres de remorque. L'expédition avait couvert 13.200 kilomètres en 8 étapes et en trente-sept jours.

Le 5 mai, en voulant tenter la traversée de l'Atlantique, en partant de Saint-Louis, Mouneyres, de Saint-Roman et Petit, Français, disparaissaient en mer.

Enfin, l'Océan, auquel jusqu'alors les plus grands champions s'étaient attaqués vainement pour le franchir d'un seul vol, allait s'avouer vaincu.

Cet honneur devait revenir à l'équipage français : Costes et Le Brix, sur Breguet-19-Hispano-Suiza.

On se rend compte de la difficulté de l'entreprise à laquelle allaient s'attaquer nos deux héros.

Deux semaines avant l'envol, Costes m'avait déclaré : « Nous partirons le 10 octobre ».

C'est ce jour-là, exactement, que le *Nungesser-Coli*, commença son merveilleux voyage. Il emportait 600 kilos de fret, constitués par les colis les plus divers et représentant 150 kilos de courrier, 50 kilos de journaux du jour, des vivres de réserve en cas de panne, des armes, des cartouches, des vêtements de rechange, des cartes, une montre de bord chronomètre, un pistolet lance-fusées, quelques pièces de moteur et d'avion, des parachutes, des casques en liège, des bouteilles thermos, quelques demi-bouteilles de champagne, deux canots pneumatiques.

À 9 heures 43, l'avion s'ébranlait, décollait en moins de 500 mètres et en vingt-cinq secondes, s'élevait majestueusement, tandis que du sol montaient des acclamations enthousiastes à l'adresse de ceux qui allaient tenter de réaliser ce qui n'avait jamais encore été fait.

La première étape devait les conduire à Saint-Louis, soit 4.600 kilomètres. Le soir du départ, à 21 heures 43, l'avion survolait le terrain de Casablanca, à 900 mètres d'altitude. À 4 heures 30, le cap Juby était dépassé, à 8 heures 15 Port-Étienne et l'arrivée se faisait à Saint-Louis à 11 heures 10 (heure française : midi 10), le 11 octobre, après 26 heures 27 de vol. Il restait encore 500 litres d'essence dans les réservoirs.

Les deux aviateurs désiraient repartir le lendemain, pour franchir l'Océan. Mais, l'après-midi du 11 octobre, une tornade épouvantable s'abattit sur Saint-Louis. Le départ devint impossible à cause du sol complètement détrempé. Avec la charge emportée, les roues se seraient enlisées et un accident aurait pu anéantir les espérances de l'équipage.

Ce n'est que le 14 octobre que le terrain permit l'envol. L'appareil emportait 2.350 litres d'essence et 180 litres d'huile. À 6 heures 35, Costes donnait le signal. Moins d'une heure après — à 7 heures 30 — il évoluait au-dessus de Dakar, puis c'était l'Atlantique, le silence, l'espoir et l'angoisse. Aucun incident n'entravait la marche de l'appareil. Les conditions atmosphériques ne furent pas défavorables. Le Brix n'eut à faire le point que deux fois. L'équateur fut franchi à une hauteur de 3.300 mètres à 1.000 kilomètres au nord-est de Natal. L'avion passa au nord-ouest de Fernando de Noronha, qu'aucun équipage n'avait pu survoler sans s'y arrêter.

À 22 heures 40, en pleine nuit, les triomphateurs se posaient sur le terrain préparé à leur intention à 30 kilomètres de Natal.

Le 16 octobre, à 7 heures 40, le départ était pris pour Rio-de-Janeiro. Un vent debout violent empêcha Costes et Le Brix de réaliser leur projet : ils se posèrent à Caravellas, où se trouve un bon terrain. Ils avaient alors couvert 1.500 kilomètres en 8 heures 45, soit à 170 kilomètres de moyenne, et il leur restait 750 kilomètres à franchir avant d'atteindre Rio-de-Janeiro. Costes avait agi avec prudence : craignant de se poser en pleine nuit sur un aérodrome inconnu, envahi par la foule, il redoutait de courir le risque de provoquer un accident à des tiers et d'endommager son appareil.

Le 17 octobre, le *Nungesser-Coli* quitta Caravellas à 8 heures 10 et se posa à Rio-de-Janeiro à 12 heures 15, étape facile et courte de 750 kilomètres en 4 heures 05.

De Paris à Rio-de-Janeiro, Costes et Le Brix avaient mis cinquante-sept heures de vol et brûlé 4.500 litres d'essence. Ils avaient accompli des exploits que nul n'avait réalisés auparavant : la traversée de l'Atlantique Sud sans escale et 10.350 kilomètres en quatre étapes. Il semblait que le voyage Rio-Buenos-Ayres ne devait être qu'un jeu. Le *Nungesser-Coli* quitta Rio-de-Janeiro à 5 heures 27, par un temps menaçant. Après avoir lutté toute la journée, il se posa, arrêté par la tempête, à Pelotas, au bout de 1.450 kilomètres, couverts en onze heures.

Nous avons dû voler au milieu de nuages bas, par une pluie continuelle ou par le brouillard, dit Costes. Très souvent, nous étions à quelques mètres seulement au-dessus des flots en suivant les méandres de la côte qui est, dans cette région, constituée par de hautes falaises très découpées et déchiquetées. En raison du manque de plafond et de visibilité, nous nous sommes parfois tenus plus bas que les mâts des navires qui étaient dans notre voisinage, sans voir à plus de 500 mètres devant nous.

Le 20 octobre, Costes et Le Brix partirent pour la dernière étape : 730 kilomètres. Vétille pour eux : envolés à 8 heures 49, ils passaient au-dessus de Montevideo où ils laissaient tomber un immense drapeau et arrivaient à Buenos-Ayres à 12 heures 55, après 4 heures 06 de vol.

Ils venaient de couvrir 12.430 kilomètres en 72 heures 31 de vol, en 6 étapes, en onze jours.

Le 25 novembre, ils allaient accomplir un magnifique exploit : après avoir pris leur café au lait à Buenos-Ayres, ils partaient à 4 heures 22, pour se rendre à Assomption, capitale du Paraguay, où ils atterrissaient à 10 heures 30, ayant couvert les 1.200 kilomètres en 6 heures 7 minutes.

Le Président de la République et ses ministres attendaient les aviateurs pour leur offrir le champagne. Un déjeuner fut servi sur le terrain d'aviation. A 12 heures 20, l'avion repartait. L'atterrissage à Buenos-Ayres se faisait à 18 heures, l'étape n'ayant duré que 5 heures 40 et, à l'heure précise, malgré leurs 2.400 kilomètres de vol, Costes et Le Brix se trouvaient au restaurant Comte où le capitaine

En haut, le départ des Portugais Gago Coutinho et Sacadura Cabral, les premiers qui vainquirent l'Atlantique Sud. — Au milieu, Costes et Le Brix se préparent à prendre leur vol pour l'étape nocturne Rio de Janeiro-Buenos-Aires. — En bas, leur réception à Rio de Janeiro par la direction de l'aviation brésilienne.

Almonacid donnait un dîner en leur honneur. La première liaison aérienne entre l'Argentine et le Paraguay venait d'être accomplie en un jour, au lieu des dix nécessités par les moyens de locomotion habituels.

Le 3 décembre, à 4 heures du matin, le *Nungesser-Coli* reprenait sa route : il se rendait à Rio-de-Janeiro. Mais le mauvais temps, déjà rencontré le 17 octobre, avait reconstitué ses forces et se montrait encore plus redoutable. La tempête obligeait les aviateurs à se poser à Florianopolis, après 1.400 kilomètres, couverts en 9 heures 30. Le lendemain, l'étape Florianopolis-Rio-de-Janeiro était effectuée en 5 heures pour les 800 kilomètres. Ce parcours avait été accompli, par un temps affreux, la pluie, l'obscurité et avec un plafond inférieur à 130 mètres. Il fallait passer à tout prix ou se noyer. Grâce à leur vaillance, à leur énergie et à leur habileté, les héros triomphèrent d'une situation qui semblait désespérée.

La liaison entre les capitales du Brésil et de l'Argentine était-elle donc impossible sans escale ? Le 11 décembre, les aviateurs télégraphiaient à Buenos-Ayres :

« Partirons lundi 12, nous arrêterons à Buenos-Ayres et repartirons le même jour à minuit, si le temps est favorable. »

Donc, le 12 décembre, à 5 heures 6, ils quittaient Rio-de-Janeiro. Cette fois, ils allaient accomplir le premier vol sans escale réussi entre Rio-de-Janeiro et Buenos-Ayres. Ils arrivaient au Palomar à 17 heures 15. Après quelques heures de repos, ils repartaient en pleine nuit à 1 heure 20, survolaient les immenses plaines argentines, franchissaient la chaîne imposante de la Cordillère des Andes, à 5.000 mètres d'altitude, et se posaient sur l'aérodrome Del Bosque, près de Santiago du Chili, à 8 heures 55 minutes. Ils avaient couvert 3.500 kilomètres en 27 heures 49, dont 19 heures 34 de vol, réalisant la première liaison entre les capitales du Brésil, de l'Argentine et du Chili qui exige ordinairement six jours par les voies les plus rapides.

Le 21 décembre. étape Santiago-La Paz.

L'arrivée et le départ de La Paz étaient particulièrement délicats. Cet aérodrome est en effet le plus élevé du monde, étant établi à 4.100 mètres au-dessus du niveau de la mer. La densité de l'air dans cette région correspond à une altitude de 5.000 mètres. C'est en se jouant que Costes et Le Brix se posèrent et décollèrent, réalisant un double exploit devant lequel tant d'avions étrangers avaient dû avouer leur impuissance.

Le 29 décembre, première liaison entre la Bolivie et le Pérou: partis de La Paz à 11 heures 37, le *Nungesser-Coli* arrivait à Lima après avoir réalisé les 1.200 kilomètres de l'étape en 7 heures 30. Le 11 janvier, étape Lima-Guayaquil (Équateur), soit 1.250 kilomètres en sept heures.

Le surlendemain, vendredi 13 janvier, les héros de l'Atlantique Sud se rendaient en sept heures de Guayaquil à Panama (1.300 kilomètres) où ils allaient rencontrer en ce centre des deux Amériques, le héros de l'Atlantique du Nord, Lindbergh, qui les escorta pendant les derniers kilomètres de l'étape.

Le 21, l'équipage quittait Caracos à 10 heures 4 et se posait à Barranquilla (Colombie) à 14 heures 12, mettant 4 heures 8 pour les 850 kilomètres. Le 24, étape Barranquilla-Colon (Panama), 650 kilomètres en 4 heures 28. Le temps était affreux. Les aviateurs survolèrent le Nicaragua, passèrent au-dessus des grands lacs et des volcans.

Les étapes se poursuivent en Amérique Centrale, puis en Amérique du Nord. Elles se ressemblent toutes par leur beauté, leur régularité, leur ponctualité et l'enthousiasme provoqué aux escales. Le 29 janvier, Guatemala-Mexico, 1.100 kilomètres en 7 heures 30 ; le 4 février, Mexico-Nouvelle-Orléans, 1.800 kilomètres en 11 heures ; le 6, Nouvelle-Orléans-Montgomery, 700 kilomètres en 5 heures 15 minutes.

Ce sont maintenant les visites officielles aux États-Unis. Le 8 février, Costes et le Brix couvrent, en 8 heures 8, les 1.200 kilomètres qui les séparent de Washington.

Interrogé sur l'étape, Costes précisa :

« 400 kilomètres au-dessus des nuages, dans la pluie ou le brouillard et 800 à la hauteur des arbres. »

Le 11 février, départ à 8 heures 16 et arrivée à 10 heures 22 à Mitchell-Field, près de New-York.

Depuis le départ de Paris, 36.210 kilomètres en 27 étapes et 213 heures 23 de vol avaient été couverts, mais en comptant les détours et les vols d'exhibition, on arrivait à plus de 40.000 kilomètres et 220 heures. Le Breguet-19-Hispano-Suiza du triomphe avait totalisé 100.000 kilomètres et plus de 550 heures de vol depuis sa construction, car c'est lui qui avait été employé pour les quatre grands raids Paris-Omsk, Paris-Assouan, Paris-Djask-Calcutta, Paris-Nijni Tajilk et retour.

Costes et Le Brix allaient songer à rentrer, mais ils ne voulaient pas effectuer ce voyage par les moyens ordinaires. Ils tenaient à regagner Paris à bord de leur extraordinaire avion. Ils faisaient changer leur moteur par mesure de précaution et, le 2 mars 1928, quittaient

New-York pour atteindre San-Franscisco par étapes. Ils se posaient successivement à Sharon, Détroit, Chicago, Rock Springs et arrivaient à San-Francisco, le 7, ayant couvert 3.850 nouveaux kilomètres.

Leur *Nungesser-Coli* était embarqué sur un paquebot où ils prenaient place eux-mêmes et, le 31 mars, les héros arrivaient à Yokohama. L'appareil fut remonté en hâte.

L'une des particularités du voyage de Costes et Le Brix à travers le monde, fut la régularité avec laquelle chaque étape fut effectuée. Le programme du retour Tokio-Paris avait été fixé à l'avance : il prévoyait un voyage record et l'arrivée au Bourget le 14 avril. Ce projet fut réalisé point par point jusqu'à l'heure même de l'atterrissage final.

Le retour de Tokio à Paris se fit en 6 jours, 11 étapes, 101 heures 04 de vol pour les 16.750 kilomètres du parcours, exploit qui n'avait jamais été approché jusqu'alors :

8-9 *avril*. — Tokio-Kouang Tchéou wan-Hanoï, 4.300 kilomètres.

10 *avril*. — Hanoï-Calcutta 2.200 kilomètres.

11 *avril*. — Calcutta-Jodhpur-Karachi, 2.350 kilomètres.

11-12 *avril*. — Karachi-Bassorah. 2.200 kilomètres.

12-13 *avril*. — Bassorah-Deir el Zor-Alep, 1.800 kilomètres.

13 *avril*. — Alep-Athènes, 1.350 kilomètres.

14 *avril*. — Athènes-Marseille-Paris, 2.550 kilomètres.

De Tokio à Calcutta, cinquante et une heures avaient suffi, alors que, par les transports habituels, il faut vingt-sept jours. Ne s'arrêtant que quelques heures à chaque escale, l'équipage donnait des preuves constantes de son incroyable résistance. A Marseille, il s'en fallait de peu que le raid ne fût arrêté : en roulant au sol, l'avion passa sur une région marécageuse, une roue s'enlisa et le plan inférieur droit heurta le terrain. Heureusement, sa robuste constitution permit au Breguet de subir le choc sans grand dommage. L'extrémité du plan fut brisée, comme cela s'était produit lors de l'accident du capitaine polonais Orlinski, au cours de son voyage Tokio-Varsovie. De même qu'Orlinski, Costes fit en hâte réparer l'entoilage du plan brisé et désentoiler le plan gauche sur une partie correspondant à celle disparue sur le plan opposé.

En une heure et demie, l'appareil était en ordre de vol, et pouvait, malgré sa blessure, atteindre le Bourget où la multitude l'attendait et où il se posa à l'heure exacte, annoncée de Bassorah par l'équipage, le 12 avril.

Au total, Costes et Le Brix avaient couvert 57.410 kilomètres en 43 étapes, trois cent quarante-deux heures de vol et cent quatre-vingt-sept jours d'absence.

Un équipage italien allait à son tour traverser l'Atlantique sans escale et battre par la même occasion le record du monde du voyage en ligne droite.

Le capitaine Ferrarin, héros du premier raid Europe-Tokio en 1920, venait, avec le major del Prete, compagnon de Pinedo dans son voyage autour de l'Atlantique, de battre le record du monde de durée et de distance en circuit fermé avec 58 heures 36 et 7.666 kilomètres, du 31 mai au 2 juin.

Un mois après, sur le même appareil — un Savoia Fiat 500 chevaux, — ils partaient pour une plus belle aventure. Ils la réussissaient. **Pour la première fois, un avion et un équipage avaient totalisé près de 15.000 kilomètres et tenu l'air 106 heures 36 en deux vols seulement.**

Le 3 juillet 1928, à 18 heures 51, sur une piste bétonnée spécialement construite, à l'aérodrome de Monticello, près de Rome, pour les départs avec lourdes charges, l'appareil du capitaine Arturo **Ferrarin** et du major del Prete prenait son essor.

Le trajet prévu était le suivant : Cap Ferrato (Sardaigne), ouest de la côte africaine par Alger, Gibraltar, les côtes du Sahara, le cap Juby, l'Atlantique par le cap Vert, Fernando de Noronha, Port-Natal.

L'avion, après un départ assez difficile, passa sur la Sardaigne à 20 heures 28. Lorsqu'il approcha d'Alger, un vent très chaud fit monter le thermomètre à 35°, la température de l'eau du **radiateur** passa à 92° et celle de l'huile à 86°.

L'équipage s'éloigna de la côte pour éviter cette **chaleur. A** 3 heures 15, il était en face du cap Degata, où il était gêné par un brouillard régnant jusqu'au niveau de la mer et qui l'escorta jusqu'à Gibraltar. Le passage au-dessus de Tanger était contrôlé à 5 heures 25. Les remous étaient violents, mais, malgré sa charge, l'appareil répondait à merveille à toutes les sollicitations.

« Nous continuions le long de la côte africaine, sans la voir, déclara Ferrarini car nous naviguions sur une étendue de nuages à la hauteur de 1.000 mètres. »

A midi 15, le cap Juby était passé. Le temps s'était calmé et le Savoia pouvait descendre au-dessous des nuages pour reconnaître la côte suivie jusqu'à Villa-Cisneros, où il était signalé à 14 heures 30.

L'équipage se dirigeait droit sur le cap Saint-Roque en passant au large du cap Gala. Bientôt, nouvelle offensive des nuages bas, obligeant l'avion à prendre de la hauteur. Les îles du cap Vert étaient survolées à 18 heures.

Depuis le départ, près de vingt-quatre heures s'étaient écoulées, et 5.000 kilomètres avaient été couverts à plus de 200 kilomètres à l'heure.

« Pendant la nuit, raconta Ferrarin, nous sommes montés petit à petit jusqu'à 3.500 mètres, afin de prendre le meilleur sur les nuages, sans pouvoir y réussir. De 23 heures à 2 heures, nous avons été obligés de naviguer dans ces bancs d'ouate où l'air était très mouvementé et les conditions de vol très difficiles.

« Près de l'Équateur, le ciel était serein avec une masse de nuages caractéristiques sur l'eau. En approchant de la côte américaine nous avons contrôlé notre position et fait de nombreuses observations astronomiques.

« Nous croyons avoir eu pendant notre vol au-dessus de l'Océan un vent léger du sud-est qui nous a retardés, nous obligeant à un léger détour vers l'ouest.

« A aucun moment nous n'avons été capables d'apercevoir l'eau que nous franchissions. »

C'est à 16 heures, le 5 juillet, alors que l'avion se tenait à 4.000 mètres d'altitude, que la côte d'Amérique fut aperçue près du cap Saint-Roque. Le vol continua dans la direction de Bahia.

Vingt minutes plus tard les nuages étant bas et le temps défavorable, l'équipage fut dans l'impossibilité de descendre pour reconnaitre la côte. Il décida de rebrousser chemin vers le nord, où le temps était plus clair, afin d'atterrir à Port-Natal.

« Nous avons réussi à descendre près de Rio-Mossou, et, en suivant la côte à très faible altitude, nous avons atteint Port-Natal, dit Ferrarin. Par suite des nuages bas qui se trouvaient à une hauteur inférieure aux collines et de la pluie qui rendait la visibilité très mauvaise, nous n'avons pu découvrir le camp qui se trouvait à 23 milles au sud-ouest de Natal, derrière les collines. Ayant épuisé toute notre essence, nous sommes retournés au nord où nous avons rencontré une zone favorable à un atterrissage de fortune.

« Près du village de Touros, l'essence a soudainement manqué pendant que nous naviguions à une altitude de 100 mètres.

« Nous avons été obligés de nous poser près d'une plage sur un terrain sablonneux. L'avion avait à peine roulé 2 mètres que les roues pénétraient dans le sable humide. Le train d'atterrissage fut endommagé. »

Ferrarin, qui pilota pendant les quarante-huit heures du voyage, et del Prete avaient couvert 7.163 kilomètres en ligne droite, mais en réalité ils avaient dépassé 8.000 kilomètres, car de Rome à Touros par Casablanca, Dakar et Natal, on compte 8.180 kilomètres.

Le record de Chamberlin et Lévine était battu officiellement de 868 kilomètres. Hélas! quelques jours après, dans un vol d'essai, le major del Prete, passager de Ferrarin, se tuait au départ.

Après les Français Costes et Le Brix, après les Italiens Ferrarin et del Prete, les Espagnols Jimenez Martin et Iglesias allaient à leur tour traverser l'Atlantique sans escale en poussant plus avant sur le sol américain. Ils montaient un avion Breguet-bidon d'une capacité de 4.000 litres d'essence, construit en licence en Espagne. Le moteur était un Hispano-Suiza 600 chevaux également fabriqué en Espagne. Il s'agissait néanmoins d'une nouvelle victoire de l'industrie française.

Le dimanche 24 mars 1929, à 17 heures 42, à Séville, l'avion baptisé *Jesu-del-Gran-Poder* prenait son essor sur piste cimentée spéciale. Il pesait 5.260 kilos et, malgré cette charge, s'envolait très aisément.

L'espoir de Jimenez et d'Iglesias était d'atteindre Rio-de-Janeiro, ce qui aurait représenté plus de 8.000 kilomètres. La brume et le mauvais temps s'opposèrent à leur projet, mais n'empêchèrent pas la traversée d'être effectuée dans de magnifiques conditions.

L'avion piqua droit au Sud, dans la direction du cap Vert, suivit la côte africaine, fut signalé au cap Juby à minuit, puis au cap Blanc.

C'était ensuite le silence jusqu'au moment où on apprenait l'heureuse nouvelle : l'équipage avait survolé Natal, au Brésil, à l'aube du 26 mars et, continuant pendant environ mille kilomètres, franchis à travers un temps épouvantable, s'était posé à Bahia à 10 heures 40.

Jimenez Martin qui relevait de maladie était exténué, à bout de forces, ayant piloté sans cesse pendant les quarante-quatre heures de vol, au cours desquelles 6.700 kilomètres avaient été accumulés.

La traversée proprement dite du cap Blanc à Natal avait duré vingt heures trente. De Séville à la côte du Brésil, trente-six heures s'étaient écoulées pour les 5.900 kilomètres, soit 165 kilomètres à l'heure. Ces chiffres montrent combien les éléments devinrent un obstacle à la conquête du record du monde, puisque de Natal à Bahia, l'allure tomba à 81 kilomètres à l'heure. Sans les nuages, la brume, la pluie et le vent debout, le performance de Ferrarin et del Prete aurait probablement été dépassée par les aviateurs Espagnols.

Ceux-ci continuèrent leur voyage par une randonnée à travers l'Amérique du Sud leur permettant notamment de couvrir entre leur départ de Séville et leur arrivée à Panama, 17.810 kilomètres en 9 étapes seulement et en cent-quatre heures de vol.

En haut, à gauche, l'Italien Ferrarin qui, avec del Prete, battit le record du monde de la distance de Rome à Touros. — A droite, l'Espagnol Jimenez Martin, héros de Séville-Bahia, montre son Breguet au roi d'Espagne. — En bas, Lyon, Kingsford Smith, Ulm et Warner, qui traversèrent le Pacifique en trois étapes.

12

LA TRAVERSÉE DU PACIFIQUE

La Manche, la Méditerranée, l'Atlantique du Nord et l'Atlantique du Sud vaincus, il restait à asservir l'Océan Pacifique. Il ne pouvait pas être question d'y parvenir complètement dès les premières tentatives.

Les aviateurs s'attaquèrent d'abord au tronçon San-Francisco — îles Hawaï, représentant près de 4.000 kilomètres.

Les premiers qui entreprirent l'aventure réussirent : il y eut l'équipage militaire du lieutenant Maitland, pilote, et Hegenberger, observateur sur Fokker-trimoteur Wright-Whirlwind 220 chevaux. Ils emportaient 4.234 litres d'essence et 151 d'huile. Ils prirent le départ de San-Francisco, le 28 juin 1927, à 16 heures 9 m. 30 s. et se posèrent à Honolulu, aux îles Hawaï, le 29 juin à 17 heures 59 ayant couvert 3.890 kilomètres en 25 heures 49 m. 30 s. à une moyenne de 151 kilomètres à l'heure.

Quelques jours après, un équipage civil allait renouveler ce succès Sur un monoplan Travel Air, à moteur Wright-Whirlwind 220 chevaux, le pilote Ernest Smith et le navigateur Emery Bronte se rendirent, les 14 et 15 juillet, de San Francisco à Molokaï-Kaivi à 110 kilomètres d'Honolulu, soit 3.780 kilomètres, en 25 heures 36, soit à 148 à l'heure.

La traversée avait failli être tragique. En pleine mer, la pompe à essence eut une panne, obligeant le pilote à descendre près des flots. L'antenne de T. S. F. fut brisée par les vagues. C'était la chute certaine, lorsque, miraculeusement, la pompe recommença à fonctionner et le vol reprit normalement, alors que tous les postes de T. S. F. voisins, alertés par les appels de détresse qu'avait lancés l'équipage pendant la descente, croyaient à un désastre. Autre incident : à peine les îles Hawaï furent-elles atteintes que l'essence vint à manquer. Il fallut se poser sur un terrain de fortune, plage broussailleuse qui causa le capotage. L'avion fut brisé, mais Smith et Bronte étaient indemnes.

A la suite de ces deux performances, le Prix Dole fut créé, doté de 35.000 dollars de prix pour une course sur le parcours San-Francisco-Honolulu. Le Pacifique allait se venger. Le départ fut pris le 16 août 1927. Douze appareils étaient engagés.

Aux épreuves de qualification ou aux essais, trois avions furent détruits, provoquant trois morts, — un fut éliminé pour insuffisance de combustible, — un capota au départ, — un endommagea une aile, — un revint au bout de quelques instants et abandonna, — trois disparurent en mer, — deux seulement accomplirent le parcours.

Les équipages perdus en mer étaient ceux de Jack Frost et Gordon

Scott, de John Pedlar, lieutenant Knorpe et Miss Doran, et du capitaine Erwin et Eichwaldt partis à la recherche de leurs camarades.

La victoire revint à Goebel et Davis, couvrant les 3.890 kilomètres, en 26 heures 17 m. 33 s. (148 km. à l'heure) devant Martin Jensen et Schulter, seconds, en 28 heures 10 (131 km. à l'heure).

L'année suivante ce n'était plus un tronçon de l'océan, mais le Pacifique entier qui allait être traversé au cours de la plus extraordinaire et de la plus audacieuse tentative qu'on puisse imaginer. Il s'agissait en effet de s'attaquer à un espace de 12.000 kilomètres au-dessus de l'eau et c'est en trois étapes qu'il fut franchi.

L'équipage comprenait deux Australiens, les capitaines C. E. Kingsford Smith et C. T. P. Ulm, pilotes, et deux Américains H. Lyon, navigateur, et J. Warner, radiotélégraphiste.

L'appareil. — un Fokker, équipé de trois moteurs Wright-Whirlwind — consistait en la combinaison de deux autres avions Fokker livrés vers la fin de 1925 à Sir G. H. Wilkins pour son expédition polaire. Les deux machines avaient été avariées lors de vols d'essais en Alaska, puis elles avaient été réparées.

Wilkins, ayant dû abandonner son projet de survol du Pôle Nord en 1927, son matériel fut embarqué pour Seattle, revisé et mis au point pour le vol du Pacifique. L'avion avait 21 m. 71 d'envergure, 14 m. 50 de long, 3m. 90 de haut, 67 mètres carrés de surface portante. L'essence était contenue dans des réservoirs logés, d'une part dans l'aile, d'autre part dans le fuselage. Le poids à vide était de 2.440 kilos, en charge il atteignait 6.540 kilos, avec 4.390 litres d'essence. Il avait reçu le nom de *Croix-du-Sud*.

Le 31 mai 1928, à 8 heures 51, il quittait Oakland, près de San-Francisco. Après un décollage impeccable, il mit le cap sur les îles Hawaï, se tenant sans cesse en communication radiotélégraphique avec la terre.

Kingsford Smith navigua pendant 650 kilomètres sur le radiophare de San-Francisco, puis se remit aux indications du compas, les positions données par Lyon étant contrôlées par celles que transmettaient les navires.

Tout à coup, les postes récepteurs aux écoutes reçurent la nouvelle alarmante que la provision d'essence tirait à sa fin. C'était une fausse alerte. L'équipage avait fait erreur, car à l'arrivée à Honolulu, il fut constaté qu'il y avait encore 720 litres d'essence dans les réservoirs.

Les 3.875 kilomètres de San-Francisco à Honolulu avaient été couverts en 27 heures 27, à la vitesse moyenne de 142 km. à l'heure.

La seconde étape conduisit des îles Hawaï aux îles Fidji. Dans la crainte de ne pas pouvoir décoller avec la charge d'essence du terrain d'Honolulu, Kingsford Smith se rendit à l'île de Kawaï, dont la plage s'étend sur une longueur de 1.400 mètres.

Le 3 juin, à 7 heures 50, départ, avec 1.480 litres d'essence. Au bout de 75 mètres, malgré la charge, l'avion s'enlevait. L'étape fut dure à cause d'un mauvais temps persistant. L'avion resta encore en communication constante avec la terre.

A 14 heures 18, la *Croix-du-Sud* approchait de l'Équateur, et se trouvait dans la pluie. Peu après, l'un des moteurs fléchissait et la vitesse tombait à 100 kilomètres à l'heure, mais tout revenait en ordre.

Enfin, l'avion arrivait en vue de Suva, après une traversée très pénible, et s'y posait le 4 juin à 14 heures 21, ayant couvert en 34 heures 33, une distance de 5.060 kilomètres, à une allure de 146 kilomètres 410 à l'heure. Il restait dans les réservoirs le combustible nécessaire pour voler encore deux heures.

C'était la première fois — on le comprend — qu'un avion se posait dans l'île. L'enthousiasme était extrême.

Il fallait trouver un endroit favorable pour reprendre le départ : il fut découvert à la plage de Naselai. Mais plusieurs jours furent perdus dans l'attente de l'essence, apportée par un vapeur à fond plat. Et le remplissage des réservoirs au moyen de bidons de 20 litres réclama un certain temps.

Le 8 juin, à 14 heures 50, envol pour la dernière portion du parcours au-dessus du Pacifique. Les vents contraires et les pluies torrentielles escortèrent l'avion, qui emportait 3.330 litres d'essence et 121 d'huile.

Au bout de trois heures, on apprenait qu'un des compas ne fonctionnait plus et qu'une dynamo l'avait imité. Les messages furent réduits au strict nécessaire afin de ménager les batteries. A 19 heures 20, il fallut monter à 1.500 mètres pour éviter le mauvais temps. Deux heures durant, l'équipage dut lutter contre les bourrasques. Le 9 juin, à 10 heures 10, le sol australien était atteint à Brisbane, après 2.888 kilomètres couverts en 21 heures 35, à 134 de moyenne : pour la première fois, un avion avait triomphé du Pacifique. Le vol total d'Oakland à Brisbane avait comporté 11.923 kilomètres réalisés en trois étapes, en 83 heures 35 de vol, à 112 kilomètres à l'heure.

Par la suite Kingsford Smith et Ulm se rendirent à Sydney, puis traversèrent l'Australie jusqu'à Perth, sans escale (4.000 km.) de

Perth à Melbourne (3.200 km), revinrent à Sydney et firent encore un parcours maritime pour atteindre la Nouvelle-Zélande, à Wigram (2.290 km.) et retour. C'était la première fois que la Nouvelle-Zélande était reliée à l'Australie par la voie des airs.

On se rend compte par cette énumération de l'incroyable valeur et de l'audace affolante des héros de ces exploits.

Voulant ajouter un nouveau laurier à leur couronne, Kingsford Smith et Ulm décidèrent de voler le plus rapidement possible d'Australie à l'Angleterre.

Le 1er avril 1929, — toujours sur leur même avion — ils quittèrent Sydney pour l'étape de 3. 200 kilomètres devant les conduire à Windham, au Nord de l'Australie sur la côte de la mer de Timor. Pour y parvenir, il fallait survoler l'une des régions les plus redoutables du globe, aussi vaste que le Sahara, avec une jungle dense et inhospitalière. L'équipage, où Lichtfield et Mac Williams avaient remplacé Lyon et Warner, disparut. Des nouvelles contradictoires se succédèrent ; pendant douze jours, on vécut dans l'angoisse. Des expéditions furent envoyées à la recherche des héros. Enfin, un aviateur parvint à les apercevoir : ils étaient à 40 kilomètres au Sud de Mission-Port-George.

Une panne d'essence les avait obligés à se poser sur un banc de vase. Ils étaient sains et saufs. On les ravitailla et le 18 avril ils reprirent leur vol et se rendirent à Derby.

Hélas ! un avion parti à leur secours et monté par Anderson et Hitchcock dut lui aussi atterrir et ne fut retrouvé que le 21 avril : les deux malheureux étaient morts de soif et d'épuisement. Ils avaient écrit des notes sur le gouvernail de leur appareil. On put ainsi reconstituer les phases du drame : panne dans le désert le 10 avril, atterrissage, réparation, établissement d'une piste sous un soleil de plomb, départ le lendemain, 100 kilomètres, route perdue, le compas ne marchant pas, nouvel atterrissage. Et cette dernière phrase datée du 11 avril :

« Nos efforts ne donnent aucun résultat. Sommes trop exténués pour continuer. »

Hitchcock, mort le premier, avait été à moitié enseveli dans le sable par son camarade, qui, bientôt après, avait à son tour rendu le dernier soupir. Quelques semaines après, nous l'avons vu plus haut, la *Croix-du-Sud* réalisait le raid Sydney-Londres dans des conditions admirables.

CHAPITRE III

La conquéte aérienne des Pôles.

L'une des premières conséquences de la conquête de l'air se traduisit par le désir d'audacieux explorateurs d'aller étudier les régions polaires.

Dans cet ouvrage, nous n'avons jamais parlé que d'aviation, mais il serait néanmoins injuste de ne pas rendre hommage aux précurseurs : le 4 juillet 1896, le savant Suédois Andrée, quittait le Spitzberg à bord du ballon sphérique *Oermen*. Il était accompagné de Strindberg et Fraenkel. Il espérait atteindre le Pôle Nord.

Jamais on ne sut ce qu'étaient devenus les infortunés téméraires. Ils étaient partis avec le pressentiment de la catastrophe, mais avaient tenu à tenter l'aventure, poussés par les sarcasmes qui les présentaient comme des réclamistes.

Le 6 avril 1909, l'amiral américain Robert Peary atteignit le Pôle Nord par les moyens maritimes et terrestres. Mais cette découverte n'était pas suffisante. Il existe entre ce point et l'Alaska une immensité sur laquelle on ne possède encore aucune certitude. L'espace compris entre le détroit de Behring et l'archipel polaire américain comporte plus de 2 millions et demi de kilomètres carrés, soit une surface égale à cinq fois celle de la France.

C'est dire la multitude de problèmes offerts à la sagacité des savants. Chacun émet des hypothèses, hasarde sa réponse. Les temps vont changer : rien ne peut échapper à l'œil céleste.

Après avoir triomphé du Pôle Sud en 1911, le célèbre explorateur norvégien Roald Amundsen voulut, pour conquérir le Pôle Nord, employer les procédés de locomotion modernes.

En mai 1925, il organisa une expédition que lui avaient permis d'entreprendre une souscription publique et une commandite importante d'un Américain, M. James W. Ellsworth.

Deux hydravions furent employés, des Dornier-Wal métalliques, munis chacun de deux moteurs de 260 chevaux.

Dans l'un, le N.-25, prirent place Roald Amundsen, observateur, le lieutenant de vaisseau Riesder-Larsen, pilote, et le mécanicien Feucht.

A bord du N.-24, se trouvait Lincoln Ellsworth, fils du mécène de l'entreprise, le lieutenant de vaisseau Leith Dietrichson, pilote, et le lieutenant de vaisseau Omdal, pilote en second et mécanicien (disparu depuis dans l'Atlantique avec Mrs Grayson).

Les appareils emportaient des vêtements, des skis, des raquettes, un traîneau, une tente, un canot pliant, une pharmacie, un réchaud, un fourneau à essence solide, trente litres de pétrole, des bombes fumigènes, des armes, des cartouches et les instruments de navigation, des cartes, des rechanges, deux appareils cinématographiques et deux appareils photographiques. Comme vivres, 90 kilos de provisions, nécessaires pour trois personnes pendant un mois.

A pleine charge, les hydravions pesaient 6.400 kilos, alors qu'à vide ils n'en atteignaient que 3.300.

Ils avaient été conduits, non sans mal, par bateau, de Tromso à Ny-Aalesund, au Spitzberg.

Le départ fut pris, le 21 mai 1925, à 17 heures 10 : le N.-25 précédait le N.-24 qui dut glisser pendant 1.400 mètres avant de pouvoir décoller.

Le temps était très beau au début. Puis, les deux équipages entrèrent dans une mer de nuages qui dura pendant plus de 200 kilomètres.

Vers 1 heures 15 — après huit heures de vol — le N.-25 se posa sur une petite étendue d'eau, la première rencontrée sur la banquise polaire. Le N.-24 qui l'avait suivi sans cesse, vint amérir non loin de là.

L'étape avait été de 950 kilomètres. Le point fut situé par 87°43' de latitude Nord et 10°20 de longitude Ouest de Greenwich. L'expédition était à 254 kilomètres du Pôle Nord.

Le N.-24 s'était posé à 5 kilomètres du N.-25. Il avait endommagé sa coque et l'un de ses moteurs était incapable de repartir.

Malgré la proximité, le N.-25 ignorait où se trouvait l'autre équipage. Les deux groupes ne se rencontrèrent qu'au prix de grandes difficultés et Ellsworth faillit même se noyer. C'est seulement, le 26 mai que la jonction se fit.

Le N.-24 dut être abandonné, tandis que le N.-25 était mis en sûreté sur la banquise, ce qui nécessita un travail titanesque. Il fallut ensuite niveler un terrain pour l'envol. Les six membres de l'expédition devaient se contenter de 300 grammes de nourriture par jour.

Enfin, le 15 juin, à 10 heures 30, l'hydravion quitta la banquise avec les six personnes à bord. Et, 8 heures 30 plus tard, après un vol de 850 kilomètres, il se posait en face du cap Nord de la terre du Nord-Est, île du Spitzberg.

Pris en remorque par un bateau, le N.-25 arrivait à la Brandewijne Bay et l'équipage était débarqué à la Baie du Roi, le 17 juin, à minuit.

Amundsen affirma sa conviction que l'engin nécessaire pour les voyages dans les régions polaires arctiques était le dirigeable.

L'honneur de survoler le premier le Pôle Nord a'lait revenir au lieutenant-commandant Richard E. Byrd qui, en 1927, traversa l'Atlantique en avion et, en 1928, partit pour le Pôle Sud continuer ses admirables aventures.

L'expédition était financée par MM. Ford, Rockfeller, Astor, Ryan, Davison et Hoyt.

Byrd était le navigateur et le chef de l'expédition. Il avait comme pilote Floyd Bennett, qui, en 1928, devait, en allant au secours du *Bremen*, contracter une pneumonie et mourir au Canada, le 25 avril. L'année précédente, en s'entrainant avec Byrd pour la traversée de l'Atlantique il avait été victime d'un très grave accident : Byrd avait été légèrement blessé, mais Bennett avait dû garder le lit pendant de longs mois et ne s'était jamais remis complètement. Lors de la conquête du Pôle Nord, Floyd Bennett et Byrd montaient un Fokker, trimoteur Wright-Whirlwind. Les roues du train d'atterrissage avaient été remplacées par des skis. Le poids total atteignait cinq tonnes. L'avion emportait 2.800 litres d'essence et 181 litres d'huile pour un vol de vingt-trois heures.

D'autre part, il y avait à bord 150 kilos de vivres, suffisants pour dix semaines d'absence, deux bateaux pliants en caoutchouc, une tente, des souliers à neige, des vêtements de rechange, des armes, un traineau, un réchaud, des couteaux à glace, des haches, une pharmacie, des skis de rechange pour l'avion, 24 bombes fumigènes, un poste de T. S. F. et un drapeau.

Le 9 mai 1926, à 0 heures 30, le départ fut pris à la Baie du Roi, au Spitzberg. L'avion piqua sur le cap Mitre, l'ile d'Amsterdam, l'ile des Danois, puis vers la banquise plein Nord. Byrd se dirigeait au moyen d'un compas solaire et de deux trappes pratiquées dans le toit et le plancher de la cabine de l'avion.

Celui-ci se maintint à une altitude moyenne de 700 mètres. La température enregistrée fut de — 22°. La vitesse était de 144 kilomètres à l'heure.

À 9 heures 4, le pôle était atteint. Byrd et Bennett effectuaient plusieurs tours, faisaient des observations pendant un quart d'heure, lançaient le drapeau américain emporté et prenaient la route de retour vers Grey Hook (Spitzberg). Grâce à un changement subit, le vent aida l'avion pendant toute la durée du vol.

À 16 heures 30, la Baie du Roi était sous les ailes du Fokker qui venait s'y poser sans le moindre incident, après un vol de 2.400 kilomètres en seize heures.

Amundsen allait refaire une tentative, cette fois en dirigeable, à bord du *Norge*, conduit par le colonel Nobile. Du 11 au 14 mai 1926, l'engin couvrait 5.000 kilomètres en 68 heures 30.

L'Australien Wilkins, en 1928, à son tour, réalisait un projet qu'il caressait depuis trois ans : en 1926, comme en 1927, il avait toujours été victime d'incidents.

Le 15 avril 1928, avec le lieutenant Norvégien Eielson, il s'envola de Point-Barrow. Le lendemain, à 6 heures 15, par une violente tempête de neige, il se posa sur l'île de l'Homme-Mort, près de Green-Harbour (Spitzberg).

La tempête bloqua les vaillants aviateurs pendant cinq jours, les empêchant de continuer. Enfin, profitant d'une accalmie, Wilkins et Eielson reprirent leur vol le 21 avril, à 3 heures, et arrivèrent une demi-heure plus tard à Green-Harbour.

Le départ de cette étape fut dramatique : par deux fois au moment du décollage, Wilkins resta au sol et ce n'est qu'à la troisième tentative qu'il parvint à regagner sa place en sautant en vitesse dans la cabine.

L'audacieuse randonnée avait duré 20 heures 30 pour les 2.800 kilomètres du parcours. L'équipage avait emporté 1.665 litres d'essence et 54 d'huile.

Quelques semaines plus tard, le général Italien Nobile, à bord du dirigeable *Italia*, voulait refaire une exploration polaire. Brouillé avec Amundsen, il tenait à prouver qu'il était capable de rapporter des observations intéressantes sans être accompagné du grand savant. L'expédition se termina par une catastrophe aux multiples actes dramatiques.

Amundsen et Dietrichson, prenant place à bord de l'hydravion français du capitaine de corvette Guilbaud, du lieutenant de vaisseau de Cuverville, de Brazy et Vallet, partirent au secours des naufragés du Pôle. Ils disparurent au cours de leur mission de sacrifice.

LES AVIONS AU PÔLE SUD

Le duel Byrd-Wilkins allait reprendre à l'autre bout du monde, pour la conquête aérienne du Pôle Sud. Les deux héros n'avaient pas en vue simplement un exploit sportif. Ce qu'ils voulaient et espéraient obtenir, c'était avant tout une importante contribution à la science sur des sujets assez peu connus malgré les explorations d'Amundsen, qui atteignit le pôle austral le 14 décembre 1911, de Scott qui renouvela tragiquement cet exploit le 18 janvier 1912, et de Shackleton.

Nul ne contestera la valeur de l'avion pour de telles découvertes. Il permet, en quelques instants, d'embrasser d'immenses étendues, de prendre des clichés, et de rapporter des éléments pouvant aider à la confection de la carte de ces régions.

Les renseignements donnés par l'avion sont irréfutables : leur précision troublante, leur netteté déconcertante, leur fidélité qui défie l'œil le plus exercé font de la photographie aérienne, le collaborateur le plus précieux du savant, du géographe, et, en cas de guerre, du chef d'armée.

C'est pourquoi les opérations des « indiscrets » du Pôle Sud peuvent avoir des conséquences très importantes pour la science.

Wilkins, après un séjour pourtant de courte durée, a réuni des observations fort intéressantes. Sur son monoplan *San-Francisco*, il fit à la fin de décembre 1928, un vol de neuf heures et demie, au cours duquel il parcourut près de 2.000 kilomètres au total. C'est une distance appréciable, lorsqu'il s'agit de contrées à peu près inconnues.

Les expériences n'allèrent pas sans difficultés. L'avion ne voulait pas décoller : on lui mit tour à tour des flotteurs et des skis, puis il fallut revenir au moyen classique des roues. Mais il était nécessaire d'établir une piste assez longue pour pouvoir emporter 900 litres d'essence, 45 d'huile, des vivres de réserve pour cinquante jours, sans oublier un traineau et un équipement complet en poil de chameau, protection contre le froid. La piste fut aménagée sur une longueur de 800 mètres. Malgré les précautions, l'appareil ne s'enleva pas sans peine, il tomba dans un puits de neige et il fallut l'habileté du pilote habituel de Wilkins, l'Américain Eielson, pour éviter l'accident qui aurait mis le matériel en déplorable état. Enfin, l'avion consentit à décoller et ce fut l'essor vers les territoires nouveaux.

Bientôt, emporté à une vitesse de 190 kilomètres à l'heure, l'aéroplane survolait la terre de Graham. Stupéfactions successives de l'émiment savant qu'est Wilkins : si l'on en croit les atlas, les montagnes de ces régions varieraient entre 600 et 2.000 mètres, alors qu'en réalité, elles s'élèvent à 2.600 et 3.000 mètres au-dessus du niveau de la mer. Elles sont couvertes d'immenses glaciers. Les côtes de l'île Graham sont coupées par de nombreux fjords et le plateau central est agreste à certains endroits.

Wilkins reconnut les îles de Seal, où Shackleton perdit son navire, puis il découvrit six îles inconnues jusqu'ici et un grand canal sinueux coupant en ligne droite la terre de Graham et la séparant nettement du grand continent polaire.

Enfin, vision qu'il était le premier à goûter, l'équipage du *San-Francisco* admira le désert antarctique dans toute sa splendeur et son immensité. Wilkins aurait bien voulu poursuivre sa randonnée et pousser jusqu'à la mer de Weddel qui s'étend jusqu'au sud, vers le plateau polaire découvert par Amundsen, en 1911, et où le regretté savant norvégien, ainsi que Scott, en 1912, plantèrent leurs drapeaux nationaux. Sagement, Eielson refusa d'accéder au désir de l'explorateur, lui rappelant que la provision d'essence interdisait de pousser plus avant. Wilkins se rallia à cette juste opinion. Après avoir traversé trois régions de nuages à plus de 200 kilomètres à l'heure, le *San-Francisco*, ne voyageant bien entendu qu'à la boussole, regagna sa base de l'île de la Déception.

On voit que, quoique resté peu de temps dans les régions polaires, l'Australien a su employer utilement son séjour. Son exploration a eu déjà de très fructueuses conséquences pour la géographie de ces terres si mal connues.

Le commandant Byrd, lui, lentement, méthodiquement, poursuivait sa minutieuse préparation dans la Baie des Baleines, ne voulant pas se contenter d'une vague enquête sur le Pôle Sud, et désirant accumuler les renseignements, les précisions et faire œuvre définitive.

Alors que Wilkins, aux moyens beaucoup plus réduits, avait dû se contenter d'une seule baleinière, l'*Hektoria*, et de deux appareils — des *Lockhead-Vega*, munis de moteurs Wright-Whirlwind, — de deux pilotes Eielson et Crossan, et de deux mécaniciens, le commandant Byrd, grâce à des souscriptions considérables, put emmener un personnel de 80 spécialistes, deux brise-glaces (*City-of-New-York* et *Eleanor Bolling*) et un baleinier (le *Ross*), plus quatre avions :

1° Un Ford trimoteur (deux Whirlwind et un Cyclone) ;

2° Un Fairchild, monomoteur Wasp 410 chevaux.

3° Un Fokker-universal, monomoteur Wasp 410 chevaux.

4° Une avionnette de la Général Aéroplanes Cº monomoteur 110 chevaux.

C'est au trimoteur Ford que devait incomber la périlleuse, mais glorieuse mission de survoler le Pôle Sud. Byrd lui avait donné le nom de *Floyd Bennett*, en souvenir de son regretté compagnon du Pôle Nord. Les autres appareils servaient au transport des provisions, des rechanges, et aux explorations de rayon d'action restreint.

Les pilotes étaient : le Norvégien Bernt Balchen, qui avait contribué au succès de Byrd au Pôle Nord et qui était l'un des aviateurs du raid New-York-Ver-sur-Mer ; les Américains Harold June, Dean Smith et Jerry de Cecca ; Byrd se réservait le rôle de navigateur comme dans toutes ses grandes randonnées.

Parti le 10 octobre 1928 du petit port de San Pedro, près de Los Angeles, Byrd, après une escale à Willington, continua sa route et arriva à la baie des Baleines, le 6 décembre.

Immédiatement, chacun se mit au travail. Manœuvres et mécaniciens déchargèrent les tonnes de bagages et de pièces de rechange. Les guides s'occupèrent des cent chiens devant frayer un chemin, à travers les étendues glacées, aux équipages montant les traineaux. Les ouvriers édifièrent les baraquements et donnèrent à l'étendue désertique l'aspect d'une véritable ville surgissant comme par enchantement. Les savants, météorologistes, géographes, photographes, préparèrent leurs laboratoires. Les hangars furent bientôt prêts à abriter les appareils et les moteurs.

Le commandant Byrd choisit la baie des Baleines comme base, parce que c'est la seule partie de l'Antarctique permettant aux navires de s'approcher le plus possible du Pôle Sud. Le fond de cette baie est coupé par la Grande Barrière, début d'un plateau qui s'étend vers le Pôle jusqu'à 3.500 mètres d'altitude.

Une très importante station de T. S. F., comprenant deux mâts de 20 mètres de hauteur, a été installée par le spécialiste Malcolm Hanson, pour permettre les relations avec le reste du monde et les différentes bases intermédiaires vers le Pôle Sud.

Pour faire paraître le temps moins long à tous ces apôtres, le commandant Byrd prit la précaution d'emporter maints objets destinés à les distraire, tels que trois phonographes, un piano, une librairie de deux mille ouvrages, un banjo, sans oublier cinq cent mille cigarettes, une tonne de tabac, des pipes...

Selon les prévisions, l'expédition devait séjourner deux ans, peut-être trois, dans les régions polaires. Aussi fallait-il songer au ravitaillement.

Les provisions comportaient deux tonnes de jambon, trois tonnes de bacon, cinq tonnes de bœuf, deux tonnes de porc, cinq cents caisses d'œufs, deux tonnes de beurre, une tonne de lait en poudre, quinze tonnes de farine. Ajoutez à cela mille kilos d'ustensiles de cuisine, huit cents draps, etc., etc.

Le camp comprenait cinq baraquements faits de bois très épais ; les parois, de dix centimètres, étaient revêtues d'une couche de peinture de couleur orange, dont la visibilité est la meilleure. Toutes les précautions avaient été prises pour que ces parois résistent à la pression des glaces : de l'extérieur à l'intérieur se succédaient le revêtement de bois, deux couches de carton pierre, une couche de kapok, une nouvelle couche de bois, une seconde de kapok et une troisième de bois.

Outre les locaux d'habitation, on éleva sur la banquise une vaste construction destinée à abriter le laboratoire, la salle d'observation météorologique avec ses appareils, les bureaux et une chambre noire, — un hôpital. — le poste radiotélégraphique et radiotéléphonique, — l'observatoire, — une salle des fêtes reliée par un tunnel aux habitations.

Quant au navire brise-glace *City-of-New-York*, long de 60 mètres, large de 10 et haut de 6, il est en bois. C'est un voilier comportant des machines à vapeur pouvant suppléer au manque de vents favorables. Sa coque, de pin et de rouvre, est très épaisse et établie de façon à pouvoir résister aux formidables pressions des glaces. A bord, les instruments les plus modernes et les plus perfectionnés : sondes pour mesurer les profondeurs marines, scaphandres, radiogionomètre, frigorifique et tous les instruments nécessaires à l'installation de postes radiotélégraphiques.

On ne sera pas étonné de savoir que le budget de l'expédition était évalué à un million de dollars, somme assurée par les plus grandes firmes et tous les milliardaires américains.

Selon le journaliste Russell-Owen, attaché à la troupe, voici quel était l'état d'esprit des héroïques exilés, après les premiers mois :

« Quels sont les aviateurs les plus heureux de la terre ? Cette devinette d'écolier a sa réponse toute trouvée à la baie des Baleines. Les aviateurs les plus comblés de joie, les moins disposés à donner leur place sont ceux de l'expédition Byrd. Ils sont à des milliers de kilomètres de leur foyer, sur les terres les plus ingrates de ce globe, mais, sur leur avion, ils fendent les airs d'un continent que le miraculeux oiseau fait de main d'homme n'avait jamais survolé. Faire ce que d'autres n'ont jamais fait encore : joie profonde de l'esprit humain, jouissance du novateur, de l'explorateur... »

Ainsi, une fois de plus, l'avion se préparait à s'imposer dans le domaine scientifique et à résoudre des problèmes, auxquels depuis tant d'années les savants répondaient en ne fondant leurs certitudes que sur du doute.

Nous avons vu l'aéroplane vaincre successivement tous les obstacles, triompher des frontières, des montagnes, des mers et des pôles, devenir le moyen de locomotion qui s'impose sans cesse davantage. Et disons-nous bien qu'il n'est encore que dans son extrême jeunesse. Il a à peine atteint l'âge de la majorité. Imaginez ce qu'il nous réserve pour l'avenir.

TABLE DES MATIÈRES

1379. — ÉVREUX, IMPRIMERIE CH. HÉRISSEY. — 10-29.